普通高等教育"十三五"规划教材——应用热工学系列
中国石油和石化工程教材出版基金资助项目

应用传热学

主　编　周锡堂
副主编　钟莹莹　陈媛媛

U0260083

中国石化出版社

内 容 提 要

本书为"普通高等教育'十三五'规划教材——应用热工学系列"之一。主要介绍传热的基本概念、热的传递形式及其规律、基本传热工艺及其相应装备的计算。

本书适合作为油气类等本科专业 32~48 学时的传热学教材，也可供研究生、职业院校学生及其他相关人员参阅。书中内容可视需要取舍，延展阅读是一些应用性的小知识，完全可以由读者自由阅读。

图书在版编目(CIP)数据

应用传热学 / 周锡堂主编 . —北京：中国石化
出版社，2019.1
普通高等教育"十三五"规划教材 . 应用热工学系列
ISBN 978-7-5114-5079-1

Ⅰ.①应… Ⅱ.①周… Ⅲ.①传热学–高等学校–
教材 Ⅳ.①TK124

中国版本图书馆 CIP 数据核字(2018)第 289623 号

中国石化出版社出版发行
地址：北京市朝阳区吉市口路 9 号
邮编：100020   电话：(010)59964500
发行部电话：(010)59964526
http://www.sinopec-press.com
E-mail：press@sinopec.com
北京科信印刷有限公司印刷
全国各地新华书店经销
*
787×1092 毫米 16 开本 10.5 印张 224 千字
2019 年 1 月第 1 版   2019 年 1 月第 1 次印刷
定价：35.00 元

前　言

目前在工科院校得到大范围使用的热工基础教材体系成熟、内容完整，但也存在强调理论基础、忽视具体应用的问题，对于广大地方院校的应用型人才培养未必很适用。从事油气类专业热工基础教学的广大教师希望能集中多方智慧，合作编写一系列既有必要的热工基础知识、又突出专业自身特点和要求的热工学教材。

工程教育专业认证要求每一门课程与专业毕业要求有明确对应关系，整个社会都强调高校要把重点放在应用型人才的培养上，这是教育理念的进步。本系列教材有别于现有的热工类教材之处，就在于它介绍理论的目的在于应用，使学生在学习本课程过程中接触到某些实用知识，而这是部分工科专业学生四年本科学习中唯一的热工知识学习和训练机会。

本系列教材分为《应用工程热力学》和《应用传热学》。其中，《应用工程热力学》主要介绍热力学基本概念、热力学定律、典型的动力循环及水蒸气和湿空气性质；《应用传热学》主要介绍传热的基本概念、热的传递形式及其规律、基本传热工艺及其相应装备的计算。

本书为《应用传热学》，第1章和第2章由中国民航大学陈媛媛编写；第3章和第4章由北部湾大学钟莹莹编写；第5章和第6章由广东石油化工学院周锡堂编写；附录由广东石油化工学院黄凯亦编写；全书由周锡堂统稿。本书在编写过程中还得到了广东石油化工学院龙志勤和北部湾大学梁金禄等老师的大力支持。

本书适合作为油气类等本科专业32~48学时的传热学教材，也可供研究生、职业院校学生及其他相关人员参阅。书中内容可视需要取舍，延展阅读是一些应用性的小知识，完全可以由读者自由阅读。每章后的思考题都是该章的重要概念，认真思考和回答有利于概念的掌握；各章习题都是些经典问题，目的在于运用本章及已介绍概念和方法解决现实中出现的问题，特别是计算和综合分析问题；附录提供了一些必要的参数、物性和图表，供读者参考。

本书出版得到"中国石油和石化工程教材出版基金"的资助，各位编者所在学校相关部门为本书的编写和顺利出版提供了帮助，在此一并表示感谢！

由于作者水平有限，文中难免会有错误与不周之处，还请读者批评指正。

目　　录

I

Ⅱ

主要符号表

符 号	意 义	单 位	符 号	意 义	单 位
A	面积	m^2	P	功率	W
a	热扩散率	m^2/s		总压力	N
	加速度	m/s^2	p	压力(强)	Pa
C	热容流量	$J/(K \cdot s)$	Q	热量或热流量	J 或 W
	辐射系数	$W/(m^2 \cdot K^4)$	q	热流密度	W/m^2
c	比热容	$J/(kg \cdot K)$	q_m	质量流量	kg/s
c_p	定压比热容	$J/(kg \cdot K)$	q_v	体积流量	m^3/s
c_f	范宁摩擦系数	—		热阻	K/W
d	直径	m	R	电阻	Ω
E	能量	J		半径,距离	m
	辐射力	J/m^2	r	汽化相变焓	J/kg
E_λ	光谱辐射力	J/m^3		面积热阻	$m^2 \cdot K/W$
F	力	N	R_s	污垢热阻	$m^2 \cdot K/W$
f	频率	Hz	T	热力学温度	K
	摩擦因子	—	t	摄氏温度	℃
G	投射辐射	W/m^2	t_c	特征温度	℃
g	重力加速度	m/s^2	U	热力学能	J
H	焓	J	u	比热力学能	J/kg
	高度	m	V	体积	m^3
h	表面传热系数	$W/(m^2 \cdot K)$	v	比体积	m^3/kg
	比焓	J/kg	v_c	特征速度	m/s
h_c	对流传热系数	$W/(m^2 \cdot K)$	W	功	J
h_r	辐射传热系数	$W/(m^2 \cdot K)$	w	比功	J/kg
I	电流密度	A	X	角系数	rad
J	有效辐射	W/m^2	α_v	体积膨胀系数	K^{-1}
j	传热因子	$W/(m^2 \cdot K)$	β	肋化系数	
K	总传热系数	$W/(m^2 \cdot K)$	δ	厚度	m
L	定向辐射度	$W/(m^2 \cdot sr)$	ε	发射率	
L_e	定向发射辐射度	$W/(m^2 \cdot sr)$	Θ	无量纲过余温度	—
L_r	定向反射辐射度	$W/(m^2 \cdot sr)$	θ	过余温度	K
l	长度	m		波长	mm
l_c	特征长度	mm	λ	热导率(导热系数)	$W/(m \cdot K)$
m	质量	kg	η	(动力)黏度	Pa $\cdot$ s
ρ	密度	kg/m^3	Ω	立体角	sr
ψ	温差修正系数	—	s	比熵	$J/(kg \cdot K)$
S	熵	J/K			

1 传热学基本概念

传热学是一门研究热量传递规律的科学。根据热力学第二定律——热量可以自发地由高温热源传给低温热源——可知，热是一种传递中的能量，凡是有温度差的地方就有热量传递，温差是热量传递过程的推动力。由于自然界中温差无处不在，因次，热量传递也是自然界和工程领域中极为普遍的现象。例如，20 世纪 70 年代每平方米集成电路芯片的功率最高为 10W，80 年代增加到 20~30W，90 年代上升到 100W 量级。芯片产生的热量如果不及时散出，将使芯片的温度升高而影响到电子器件的寿命及工作的可靠性，因而电子器件的有效散热方式已经成为获得新一代产品的关键问题。再如，航天器在重返地球时，以 15~20 倍音速进入大气层，由于摩擦，局部气流温度可达到 5000~15000K（4726.85~14726.85℃）。为保证航天器的安全，有效的冷却及隔热方法极为关键。可见，传热学在生产技术领域应用非常广泛，几乎在每个工程技术部门中都会遇到传热问题。动力、化工、制冷、建筑、环境、机械制造、新能源、微电子、核能、航空航天、微机电系统、新材料、军事科学与技术、生命科学与生物技术等，只要有温差就会有传热。

传热学就是分析各种具体的传热过程是如何进行的，探求工程及自然现象中热量传递过程的物理本质，揭示各种热现象的传输机理，建立能量输运过程的数学模型，分析计算传热系统的温度和热流水平，揭示热量传递的具体规律。在一些较为复杂的场合，则通过计算机模拟或直接用实验方法，研究热量传递的规律。

在本章中，我们将首先简要介绍传热学的主要研究内容，给出导热、对流与辐射这三种热量传递基本方式的概念及所传递热量的计算公式。后续 2~6 章将分别详细讨论导热、对流换热和辐射换热的基本规律。最后，在此基础上，把上述知识综合起来，介绍传热过程及换热设备的计算方法。

1.1 热量传递的基本方式

自然界存在三种基本的热量传递方式：热传导、热对流和热辐射。例如，一只猫趴在地上，那么，猫和地面之间热量传递的方式主要是热传导，猫和其周围空气间的传热方式主要是热对流，而猫和太阳之间则主要为热辐射。在各种不同的场合下，这三种方式可能单独存在，也可能产生不同的组合形式。下面分别详细阐述。

1.1.1　热传导

（1）定义和特征

当物体内部存在温度差(也就是物体内部能量分布不均匀)时，在物体内部没有宏观位移的情况下，热量会从物体的高温部分传到低温部分；此外，不同温度的物体互相接触时，热量也会在相互没有物质转移的情况下，从高温物体传递到低温物体。这样一种热量传递的方式被称为热传导或简称为导热。因此，当物体各部分之间不发生相对位移时，借助于分子、原子及自由电子等微观粒子的热运动而实现的热量传递过程称之为导热。

导热过程的特点有两个：①导热过程总是发生在两个互相接触的物体之间或同一物体中温度不同的两部分之间；②导热过程中物体各部分之间不发生宏观的相对位移。

（2）导热机理

在导热过程中，物体各部分之间不发生宏观位移，从物质的微观结构对导热过程加以描述与计算是比较复杂的。从微观角度看，气体、液体、导电固体和非导电固体的导热机理是不同的。

气体中，导热是气体分子的不规则热运动，是相互碰撞的结果。气体的温度越高，分子的运动动能越大，不同能量水平的分子相互碰撞的结果，使能量从高温处传向低温处。导电固体中有相当多的自由电子，它们在晶格之间像气体分子那样运动，自由电子的运动在导电固体的导热中起主要作用。非导电固体中，导热通过晶格结构的振动，即原子、分子在其平衡位置附近的振动来实现。液体的导热机理十分复杂，有待于进一步的研究。

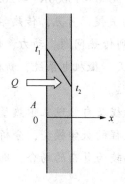

图 1-1　通过无限大平板的导热

（3）傅里叶公式

对于导热这种热量传递方式的研究可以追溯到 19 世纪初期毕欧(Boit)早期的研究工作。他在对大量的平板导热实验(图 1-1)的数据分析中得出如下的结论：

通过垂直于平板方向上的热流量正比于平板两侧的温度差和平板面积的大小，而反比于平板的厚度。归纳如下数学关系：

$$Q = \lambda A \frac{t_1 - t_2}{\Delta x} \tag{1-1}$$

式中　Q——单位时间导热量，又称热流量，W；

　　　A——导热面积，m^2；

　　$t_1 - t_2$——大平板两表面之间的温差，℃(K)；

　　　λ——比例系数，称为平板材料的导热系数(或热传导率)，表示物体导热能力的大小，W/(m·K)。

上式亦可表示为如下形式：

$$q = \lambda \frac{t_1 - t_2}{\Delta x} \tag{1-2}$$

式中　q——单位面积热流量，又称热流密度，W/m^2。

1822 年，法国数学家傅里叶(Joseph Fourier)将毕欧的热传导关系归纳为

$$q = -\lambda \frac{\partial t}{\partial n} \qquad (1-3)$$

此式称为傅立叶定律，在第 2 章中将对其进行详细的论述。式中，$\partial t/\partial n$ 为温度梯度，负号表示热流密度的方向与温度梯度的方向相反，即热量传递的方向与温度升高的方向相反。当温度 t 沿 x 方向增加时，$dt/dx>0$，$q<0$，说明热量沿 x 减小的方向传递(图 1-2)；反之，$dt/dx<0$，$q>0$，说明热量沿 x 增加的方向传递(图 1-3)。

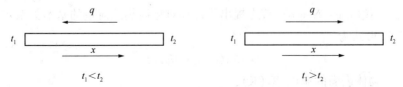

图 1-2　热量沿 x 减小的方向传递　　　图 1-3　热量沿 x 增加的方向传递

【例 1-1】　有三块分别由纯铜[热导率 $\lambda_1 = 398W/(m \cdot K)$]、黄铜[热导率 $\lambda_2 = 109 W/(m \cdot K)$]和碳钢[热导率 $\lambda_3 = 40W/(m \cdot K)$]制成的大平板，厚度都为 10mm，两侧表面的温差都维持为 $t_{w1}-t_{w2}=50℃$ 不变，试求通过每块平板的导热热流密度。

解：这是通过大平壁的一维稳态导热问题。

对于纯铜板：$q_1 = \lambda_1 \dfrac{t_{w1}-t_{w2}}{\delta} = \dfrac{398 \times 50}{0.01} = 1.99 \times 10^6 W/m^2$

对于黄铜板：$q_2 = \lambda_2 \dfrac{t_{w1}-t_{w2}}{\delta} = \dfrac{109 \times 50}{0.01} = 0.545 \times 10^6 W/m^2$

对于碳钢板：$q_3 = \lambda_3 \dfrac{t_{w1}-t_{w2}}{\delta} = \dfrac{40 \times 50}{0.01} = 0.2 \times 10^6 W/m^2$

1.1.2　热对流与对流换热

(1) 定义和特征

流体中温度不同的各部分流体之间，由于发生相对运动而把热量由一处带到另一处的热现象称为热对流，这是一种借助于流体宏观位移而实现的热量传递过程。宏观位移是大量分子集体运动或者说流体微团的运动结果，这时不仅有宏观运动，还有随机运动，即微观运动。所以实际上流体在进行热对流的同时，热量的传导过程也同时发生。因此，发生在流动介质中的热量传递是

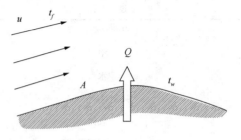

图 1-4　对流换热过程示意图

热传导与热对流的综合过程。工程上还经常遇到流体与温度不同的固体壁面接触时的热量交换情况(图 1-4)，这种热量的传递过程称为对流换热。由于单一的热对流是不存在的，因而传热学中讨论的对流问题主要是对流换热过程。

（2）分类

对流换热按照不同的原因可分为多种类型。按照是否相变，分为：有相变的对流换热和无相变的对流换热。按照流动原因，分为：强迫对流换热和自然对流换热。按照流动状态，分为：层流和紊流。强迫对流换热是由外因造成的，例如风机、水泵或大自然中的风。自然对流换热是由于温度差造成密度差，产生浮升力，热流体向上运动，冷流体填充空位，形成的往复过程。例如无风天气，一条晒热的路面与环境的散热；有风时，强迫换热占主导。

（3）牛顿冷却公式

1701 年，牛顿（Isaac Newton）首先提出了计算对流换热热流量的基本关系式，常称为牛顿冷却定律，其形式为

$$Q = hA(t_w - t_f) = hA\Delta t \tag{1-4}$$

式中　　t_w——物体表面的温度，℃（K）；

t_f——流体的温度，℃（K）；

$\Delta t = t_w - t_f$——温差，这里认为 $t_w > t_f$，人为约定 Δt 取正值，℃（K）；

h——定义的系数，称为对流换热系数或表面传热系数，它是一个反映对流换热过程强弱的物理量，$W/(m^2 \cdot K)$。

由于对流换热是一个复杂的热量交换过程，影响因素很多，如：引起流动的原因（自然或强迫流动）、流体流动的状态（层流或紊流）、流体的物理性质（密度、比热容等）、流体的相变（沸腾或冷凝）、换热边界的几何因素（形状、大小及相对位置）等。显然，单凭式（1-4）是不可能描述或反映这些复杂因素对换热过程的影响，而只是把这些因素都集中到对流换热系数 h 之中。因此，针对各种对流换热问题求解对流换热系数 h 则是分析和研究对流换热问题的主要任务。

表 1-1 给出了几种对流换热表面的换热系数值。就换热方式而言，自然对流换热系数最小（空气为 1~10，水为 200~1000），有相变时最大（$10^3 \sim 10^4$ 量级），强迫对流居中。就介质而言，水比空气强烈。

表 1-1　对流传热表面传热系数的大致取值范围

过　　程	$h/[W/(m^2 \cdot K)]$
自然对流：	
空气	1~10
水	200~1000
强制对流：	
气体	20~100
高压水蒸气	500~35000
水	1000~1500
水的相变换热：	
沸腾	2500~35000
蒸汽凝结	5000~25000

【例 1-2】 一室内暖气片的散热面积为 $3\ m^2$，表面温度为 $t_w = 50℃$，与温度为 $20℃$ 的室内空气之间自然对流换热的表面传热系数为 $h = 4W/(m^2 \cdot K)$。试问该暖气片相当于多大功率的电暖气？

解：暖气片和室内空气之间是稳态的自然对流换热，于是有

$$Q = hA(t_w - t_f) = 4 \times 3 \times (50 - 20) = 360W = 0.36kW$$

即相当于功率为 0.36kW 的电暖气。

1.1.3 热辐射

(1) 定义

物质的微观离子(分子、原子和电子等)的运动会以光的形式向外辐射能量，我们称之为电磁辐射。电磁辐射的波长范围很广，从长达数百米的无线电波到小于 $10 \sim 14m$ 的宇宙射线。这些射线不仅产生的原因各不相同，而且性质也各异，由此也构成了围绕辐射过程的广泛的科学和技术领域。这里我们无意去讨论各种辐射过程，仅仅对由物质的热运动(即无序运动)而产生的电磁辐射，以及因这些电磁辐射投射到物体上而引起的热效应感兴趣。我们把物体通过电磁波来传递热量的方式称为热辐射。凡是温度高于 0(K) 的物体都有向外发射热射线的能力。热辐射的波长大多集中在红外线区，在可见光区占比重不大。物体的温度越高，辐射能力越强。温度相同，但物体的性质和表面状况不同，辐射能力也不同。

(2) 特点

热辐射是热量传递的基本方式之一。与热传导和热对流不同，热辐射是通过电磁波(或光子流)的方式传播能量的过程，它不需要物体之间的直接接触，也不需要任何中间介质。当两个物体被真空隔开时，导热和对流均不会发生，只有热辐射。太阳将大量的热量传给地球，就是靠热辐射的作用。

热辐射的另一个特点是：它不仅产生能量的转移，而且还伴随着能量的转换。即发射时从热能转化为辐射能，吸收时又从辐射能转化为热能。

(3) 斯蒂芬-玻尔兹曼(Stefen-Boltzmann)定律

一个理想的辐射和吸收能量的物体被称为黑体。黑体的辐射和吸收本领在同温度物体中是最大的。黑体向周围空间发射出去的辐射能由下式给出：

$$Q = A\sigma T^4 \tag{1-5}$$

式中　Q——黑体发射的辐射能，W/m^2；

　　A——物体的辐射表面积，m^2；

　　T——绝对温度，K；

　　σ——斯蒂芬-玻尔兹曼常数，其值为 $5.67 \times 10^{-8} W/(m^2 \cdot K^4)$。

式(1-5)称为斯蒂芬-玻尔兹曼(Stefen-Boltzmann)定律，它是从热力学理论导出并由实验证实的黑体辐射规律，又称为辐射四次方定律，是计算热辐射的基础。一切实际物体的辐射能力都小于同温度下黑体的辐射能力。实际物体发射的辐射能可以用辐射四次方定律的经验修正来计算：

$$Q = \varepsilon A\sigma T^4 \tag{1-6}$$

式中　ε——该物体的发射率(又称黑度),其值小于1。

一个物体的发射率与物体的温度、种类及表面状态有关。物体的 ε 值越大,则表明它越接近理想的黑体。

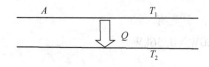

图1-5　两平行黑平板间的辐射换热

自然界中的所有物体都在不断地向周围空间发射辐射能,与此同时,又在不断地吸收来自周围空间其他物体的辐射能,两者之间的差额就是物体之间的辐射换热量。物体表面之间以辐射方式进行的热交换过程我们称之为辐射换热。对于两个相距很近的黑体表面(图1-5),由于一个表面发射出来的能量几乎完全落到另一个表面上,那么它们之间的辐射换热量为

$$Q = A\sigma(T_1^4 - T_2^4) \qquad (1-7)$$

当 $T_1 = T_2$ 时,也就是物体和周围环境处于热平衡时,辐射换热量等于零。但此时是动态平衡,辐射和吸收仍在不断进行。此时物体的温度保持不变。

【例1-3】　一根水平放置的蒸汽管道,其保温层外径 $d = 583\mathrm{mm}$,外表面实测平均温度及空气温度分别为 $t_w = 48℃$,$t_f = 23℃$,此时空气与管道外表面间的自然对流换热的表面传热系数 $h = 3.42\mathrm{W/(m^2 \cdot K)}$,保温层外表面的发射率 $\varepsilon = 0.9$。

问:(1)此管道的散热必须考虑哪些热量传递方式;

(2)计算每米长度管道的总散热量。

解:(1)此管道的散热有辐射换热和自然对流换热两种方式。

(2)把管道每米长度上的散热量记为 q_l。

当仅考虑自然对流时,单位长度上的自然对流散热为

$q_{l,c} = \pi d \cdot h\Delta t = \pi dh(t_w - t_f) = 3.14 \times 0.583 \times 3.42 \times (48-23) = 156.5\mathrm{W/m}$

每米长度管道外表面与室内物体及墙壁之间的辐射为

$q_{l,r} = \pi d\sigma\varepsilon(T_1^4 - T_1^4) = 3.14 \times 0.583 \times 5.67 \times 10^{-8} \times 0.9 \times [(48+273)^4 - (23+273)^4]$
$= 274.7\mathrm{W/m}$

讨论:计算结果表明,对于表面温度为几十摄氏度的一类表面的散热问题,自然对流散热量与辐射具有相同的数量级,必须同时予以考虑。

1.2　热量传递的基本过程

工业生产中所遇到的许多实际热交换过程常常是热介质将热量传给换热面,然后由换热面传给冷介质。这种热量由热流体通过间壁传给冷流体的过程称为传热过程。传热过程中由热流体传给冷流体的热量通常表示为

$$Q = kA\Delta t \qquad (1-8)$$

式中　Δt——热流体与冷流体间的平均温差,℃(K);

k——传热系数,$\mathrm{W/(m^2 \cdot K)}$。在数值上,传热系数等于冷、热流体间温差。

$\Delta t = 1℃$、传热面积 $A = 1\mathrm{m^2}$ 时的热流量值,是一个表征传热过程强烈程度的物理量。传

6

热过程越强，传热系数越大，反之则越弱。

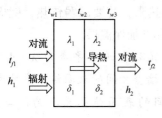

图1-6 墙壁传热图

如图1-6所示的墙壁为例：屋内热空气的热量通过墙壁和保温层传递给屋外冷空气，这个过程就属于传热过程。若屋内空气温度为t_{f1}，屋外的空气温度为t_{f2}，传热温差$\Delta t = t_{f1} - t_{f2}$。若屋内对流和辐射总换热系数为$h_1$，屋外侧的对流换热系数为$h_2$，墙壁、保温层的厚度分别为$\delta_1$和$\delta_2$，墙壁、保温层的导热系数分别为$\lambda_1$和$\lambda_2$。

从热流体t_{f1}到t_{w1}，有

$$Q = Ah_1(t_{f1} - t_{w1}) \tag{1-9}$$

则

$$t_{f1} - t_{w1} = \frac{Q}{Ah_1} \tag{1-10}$$

从t_{w1}到t_{w2}

$$Q = \frac{A\lambda_1(t_{w1} - t_{w2})}{\delta_1} \tag{1-11}$$

则

$$t_{w1} - t_{w2} = \frac{Q}{\dfrac{A\lambda_1}{\delta_1}} \tag{1-12}$$

从t_{w2}到t_{w3}

$$Q = \frac{A\lambda_2(t_{w2} - t_{w3})}{\delta_2} \tag{1-13}$$

则

$$t_{w2} - t_{w3} = \frac{Q}{\dfrac{A\lambda_2}{\delta_2}} \tag{1-14}$$

从t_{w3}到冷流体

$$Q = Ah_2(t_{w3} - t_{f2}) \tag{1-15}$$

则

$$t_{w3} - t_{f2} = \frac{Q}{Ah_2} \tag{1-16}$$

将式(1-10)、式(1-12)、式(1-14)和式(1-16)相加并整理，得

$$Q = \frac{t_{f1} - t_{f2}}{\dfrac{1}{Ah_1} + \dfrac{\delta_1}{A\lambda_1} + \dfrac{\delta_2}{A\lambda_2} + \dfrac{1}{Ah_2}} = \frac{\Delta t}{\dfrac{1}{Ak}} \tag{1-17}$$

将式(1-17)表示成热阻的形式，有

$$Q = \frac{\Delta t}{R_1 + R_2 + R_3 + R_4} = \frac{\Delta t}{R_t} \tag{1-18}$$

式中 $R_i (i = 1,2,3,4)$——传热过程的各个分热阻，K/W；

R_t——传热过程的总热阻，K/W。

式(1-18)相当于电学中的欧姆定律（电流=电压/电阻；$I = \Delta U/R$），且式中总热阻和分热阻的关系也具有电学中串联电路的电阻叠加特性：总电阻等于各串联分电阻之和。导热现象的比拟（流量=动力/阻力）如图1-7所示。

热阻是传热学的基本概念之一。用热阻的概念分析各种传

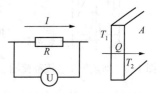

图1-7 导热现象的比拟

热现象，不仅可使问题的物理概念更加清晰，而且推导和计算也来得简便。对于某一传热问题，如果要增强传热，就应设法减少所有热阻中最大的那个热阻；若要减弱传热，就应该加大所有热阻中最小的那个热阻，或者再增加额外的热阻，即增加保温层。

【例1-4】 一房屋的混凝土外墙的厚度为 $\delta=150\text{mm}$，混凝土的热导率为 $\lambda=1.5$ W/(m·K)，冬季室外空气温度为 $t_{f2}=-10℃$，有风时，空气和墙壁之间的表面传热系数为 $h_2=20\text{W}/(\text{m}^2\cdot\text{K})$，室内空气温度为 $t_{f1}=25℃$，与墙壁之间的表面传热系数为 $h_1=5$ W/(m²·K)。假设墙壁及两侧的空气温度及表面传热系数都不随时间而变化，求单位面积墙壁的散热损失及内外墙壁面的温度。

解：由给定条件可知，这是一个稳态传热过程。通过墙壁的热流密度，即单位面积墙壁的散热损失为

$$q=\frac{t_{f1}-t_{f2}}{\dfrac{1}{h_1}+\dfrac{\delta}{\lambda}+\dfrac{1}{h_2}}=\frac{25-(-10)}{\dfrac{1}{5}+\dfrac{0.15}{1.5}+\dfrac{1}{20}}=100\text{W/m}^2$$

根据牛顿冷却公式，对于内、外墙面与空气之间的对流换热，有

$$q=h_1(t_{f1}-t_{w1})=h_2(t_{w2}-t_{f2})$$

于是，内外墙壁面的温度分别为

$$t_{w1}=t_{f1}-\frac{q}{h_1}=5℃$$

$$t_{w2}=t_{f2}+\frac{q}{h_2}=-5℃$$

拓展阅读——加热炉

我国原油大部分为高含蜡、高凝点、高黏度的"三高"原油，因此，原油加热输送工艺应用比较广泛。加热炉是原油加热的主要设备，其工艺流程简图如图1-8所示。液体(气体)燃料在加热炉辐射室中燃烧，产生高温烟气流向对流室换热后，从烟囱排出。待加热的原油首先进入加热炉对流室炉管，炉管主要以对流方式从对流室的烟气中获得热量，又由炉管外表面传导到炉管内表面，再以对流方式传递给管内流动的原油。原油由对流室炉管进入辐射室炉管，在辐射室内燃烧器喷出的火焰主要以辐射方式将热量的一部分辐射到炉管外表面，另一部分辐射到炉墙上，炉墙再次以辐射方式将热量辐射到背火面一侧的炉管表面上。这两部分辐射热共同作用，使管表面升温并与管壁内表面形成了温差，热量传导至管内壁，管内流动的原油又以对流方式不断从管内壁获得热量，实现了加热原油的工艺要求。

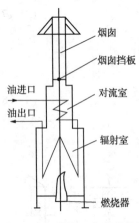

图1-8 加热炉工艺流程简图

油进口
油出口

烟囱
烟囱挡板
对流室
辐射室
燃烧器

按油流是否通过加热炉管，可将原油加热方式分为直接加热和间接加热两种：直接加热是原油直接经过加热炉，吸收燃料燃烧放出的热量；间接加热是原油通过中间介质(导热油、饱和水蒸气或饱和水)在换热器中吸收热量，达到升温的目

的。这两种加热方式所用的加热设备分别为直接加热炉和间接加热炉(热媒炉)。

(1)直接加热式加热炉

加热炉直接加热油品,设备简单,投资较低。但油品在炉管内直接加热,存在结焦的可能。一旦断流或偏流,容易因炉管过热使原油结焦甚至烧穿炉管而造成事故,故此种加热方式现在并不常用,为确保安全,应设置防偏流、断流、结焦的自控保护系统。另外应在露点以上运行,以避免对流管管壁造成低温露点腐蚀。

(2)间接加热系统

加热炉炉管内流动的是一种载热介质,它先后流经对流段和辐射段炉管,升高温度而带走加热炉炉膛和烟膛中燃烧产物的热量。载热介质离开加热炉,流入换热器将大部分热量传给原油,把原油加热到输送所需的温度。冷却后的载热介质再送回加热炉吸收热量,完成了对原油的间接加热。这种载热介质称为热媒。热媒应具有下列性能:

① 在工作温度范围内呈液体状态,黏度小;

② 在工作温度范围内具有较高的比热容和导热系数;

③ 没有腐蚀性,具有良好的热稳定性,不易分解与不易与任何物质发生化学反应。

热媒加热炉的原理、结构与直接加热的加热炉类似,只是炉管内加热的是热媒而不是原油。由于热媒在炉内的温差可高达150℃以上,故热媒的用量少,加热炉的体积小。热媒无腐蚀性,进炉温度高,可以防止低温腐蚀。采用了炉膛微正压燃烧及烟气热量回收等技术,提高了热媒炉的效率。热媒在炉中加热至一定温度后,进入管壳式换热器中加热原油。热媒走管程,原油走壳程。

用热媒加热炉替代原油加热炉的主要目的是减小加热炉的尺寸,降低钢材消耗量,提高加热炉效率,避免炉管结焦。

(3)原油加热炉与热媒加热炉的主要区别

① 原油加热炉中的加热原油的数量大,但原油的温升小。炉管内的流速不能太大,如果用单管程,会造成加热炉体积庞大;使用多管程,必须采取措施以防止严重偏流。热媒加热炉由于热媒温升可以较大,热媒数量可较原油数量少,热媒可以在较小直径的炉管中用单管程在加热炉吸热。

② 原油加热炉中被加热的原油是未经处理的,其中可能含有各种腐蚀性物质,而且成分会变化。而热媒加热炉中的热媒是循环使用的,热媒没有腐蚀性。

③ 两者的通风方式不同。原油加热炉为自然通风,炉膛和烟道均处于负压状态,外面的冷空气会进入加热炉内,降低炉膛温度,对流段过剩空气系数增大,排烟热损失增加;热媒加热炉为送风机来克服烟气流动的阻力,整个送、引风系统基本处于正压状态。

(4)两种加热方式的比较

间接加热原油具有以下优点:

① 原油不通过加热炉炉管,没有因偏流等结焦的危险,操作安全;

② 热媒对金属无腐蚀作用,它的蒸气压低,加热炉可在低压下运行,故炉子寿命长;

③ 间接加热可用于加热多种油品,能适应流量的大幅度变化,甚至能适应间歇输送;

④ 热媒炉的热效率高,原油通过换热器的压降小。

主要缺点是:间接加热系统复杂,占地面积大,造价高,耗电量较大,操作维护费用增加。

直接加热方式的缺点正好与间接加热相反：它不如间接加热安全，适应流量变化的灵活性差，有炉管过热原油结焦的危险。间接加热系统中，热媒泵要消耗额外的动力，原油与热媒在换热器中二次换热将降低系统的效率。若直接加热的炉效达到较先进水平，其综合效率将可能高于间接加热。

思 考 题

1-1 试以日常生活或生产实践中的例子说明热传导、对流换热和辐射换热现象。

1-2 夏季在温度为20℃的室内，穿单衣感到舒适，而冬季在同样温度的室内却要穿绒衣，试从传热的观点解释其原因。

1-3 冬天，上午晒棉被，晚上睡觉为什么会觉得很暖和？

1-4 暖水瓶瓶胆为镀银真空夹层玻璃，简述暖水瓶的保温原理。

1-5 何为热阻，单位面积热阻和总面积热阻有何区别？

习 题

1-1 一砖墙的表面积是 12 m², 厚为260mm，平均导热系数为 1.5W/(m·K)。设面向室内的表面温度为25℃，外表面温度为-5℃，试确定此砖墙向外界散失的热量。

1-2 一炉子的炉墙厚为13cm，总面积为20m²，平均导热系数为 1.04W/(m·K)，内外壁温分别是520℃及50℃。试计算通过炉墙的热损失。如果所燃用的煤的发热量是 2.09×10^4 kJ/kg，每天因热损失要用掉多少千克煤？

1-3 在一次测定空气横向流过单根圆管的对流换热实验中，得到下列数据：管壁平均温度 $t_w = 69℃$，空气温度 $t_f = 20℃$，管子外径 $d = 14$mm，加热段长 80mm，输入加热段的功率为 8.5W。如果全部热量通过对流传热传给空气，试问此时的对流传热表面传热系数多大？

1-4 为了说明冬天空气的温度以及风速对人体冷暖感觉的影响，欧美国家的天气预报中普遍采用风冷温度的概念(wind-chill temperature)。风冷温度是一个当量的环境温度，当人处于静止空气的风冷温度下时其散热量与人处于实际气温、实际风速下的散热量相同。从散热计算的角度可以将人体简化为直径为25cm、高为175cm、表面温度为30℃的圆柱体，试计算当表面传热系数为15W/(m²·K)时人体在温度为20℃的静止空气中的散热量。如果在一个有风的日子，表面传热系数增加到50W/(m²·K)，人体的散热量又是多少？此时风冷温度是多少？

1-5 半径为0.5m的球状航天器在太空中飞行，其表面发射率为0.8。航天器内电子元件的散热总共为175W。假设航天器没有从宇宙空间接受任何辐射能量，试估算其表面的平均温度。

1-6 一玻璃窗，尺寸为60cm×30cm，厚为4mm。冬天夜间，室内及室外温度分别为20℃及-20℃。内表面的自然对流传热表面传热系数为 10W/(m²·K)，外表面强制对流传热表面传热系数为50W/(m²·K)，玻璃的导热系数 $\lambda = 0.78$W/(m·K)。试确定通过玻璃的热损失。

2 热传导

从本章开始，将深入讨论三种热量传递方式的基本规律。研究工作基本遵循经典力学的研究方法，即提出物理现象、建立数学模型而后进行分析求解，对于复杂问题亦可在数学模型的基础上进行数值求解或实验求解。采用这种方法，我们就能够达到预测传热系统的温度分布和计算传递的热流量的目的。

导热问题是传热学中最易于用数学方法处理的热传递方式，因而我们能够在选定的研究系统中利用能量守恒定律和傅立叶定律建立起导热微分方程式，然后针对具体的导热问题求解其温度分布和热流量，最后达到解决工程实际问题的目的。

2.1 导热理论基础

2.1.1 导热的基本概念和定律

（1）温度场和温度梯度

① 温度场

要使用傅里叶定律计算物体的导热量，必须先知道物体的温度分布，即应已知物体中的温度是如何按照空间位置和时间变化的。按照物理学上的提法，物质系统内各个点上温度的集合称为温度场，它是时间和空间坐标的函数，记为

$$t = f(x, y, z, \tau) \tag{2-1}$$

式中　t——温度，℃；

　x, y, z——空间坐标，m；

　τ——时间坐标，s。

如果温度场不随时间变，即为稳态温度场，于是有

$$t = f(x, y, z) \tag{2-2}$$

稳态温度场仅在一个空间方向上变化时为一维温度场

$$t = f(x) \tag{2-3}$$

稳态导热过程具有稳态温度场，而非稳态导热过程具有非稳态温度场。

② 等温面

温度场中温度相同点的集合称为等温面，二维温度场中则为等温线，一维则为点。对

于二维温度场，取相同温度差而绘制的等温线如图 2-1 所示，其疏密程度可反映温度场在空间中的变化情况。

一个等温面不会与另一个等温面相交，但不排除十分地靠近，也不排除它可以消失在系统的边界上或者自行封闭。这就是等温面的特性。

③ 温度梯度

温度梯度是用以反映温度场在空间的变化特征的物理量。按照存在温差就有热传导的概念，沿着等温面方向不存在热量的传递。因此，热量传递只能在等温面之间进行。热量从一个等温面到另一个等温面，其最短距离在该等温面的法线方向。对于均质系统而言，在这个方向上应该有最大的热量通过。因而定义，系统中某一点所在的等温面与相邻等温面之间的温差与其法线间的距离之比的极限为该点的温度梯度，记为 grad$t$。它是一个矢量，其正方向指向温度升高的方向。结合图 2-2 所示，我们有：

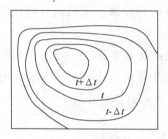 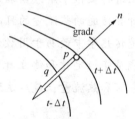

图 2-1　温度场与等温面　　　　图 2-2　温度梯度与热流密度

$$\mathrm{grad}t = \lim_{\Delta n \to 0} \frac{\Delta t}{\Delta n} = \frac{\partial t}{\partial n}\vec{n} = \frac{\partial t}{\partial x}i + \frac{\partial t}{\partial y}j + \frac{\partial t}{\partial z}k \qquad (2-4)$$

显然，温度梯度表明了温度在空间上的最大变化率及其方向。对于连续可导的温度场也就存在连续的温度梯度场。

④ 热流密度

第 1 章已经指出，热流密度是定义为单位时间内经由单位面积所传递的热量，可以一般性地表示为

$$q = \frac{\mathrm{d}Q}{\mathrm{d}A} \qquad (2-5)$$

式中，dQ 为垂直通过面积 dA 的热流量，因而热流密度 q 也是一个矢量，其方向与所通过面的方向一致。注意关于温度梯度的定义，不难发现热流密度通过的面就是等温面。

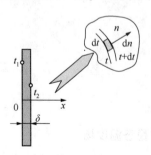

图 2-3　平壁导热实验与傅里叶定律

那么，温度梯度和热流密度的方向都是在等温面的法线方向。由于热流是从高温处流向低温处，因而温度梯度和热流密度的方向正好相反。在图 2-2 中显示了这一特征。

（2）傅里叶定律的表述

傅里叶定律是在毕欧进行大量实验后所得结果的基础上由傅立叶（Fourier）归纳得出的。毕欧的平板导热实验可以认为是在两个等温面之间进行的，如图 2-3 所示。那么，通过平板上微元等温面的热流量可写成如下形式：

$$dQ = -\lambda dA \frac{\Delta t}{\Delta n} \qquad (2-6)$$

经整理并取极限得出：

$$q = -\lambda \text{grad} t \qquad (2-7)$$

这就是傅里叶定律严格的数学表达式。式中的负号是因为热流密度与温度梯度的方向不一致而加上的。于是，傅里叶定律可表述为系统中任一点的热流密度与该点的温度梯度成正比而方向相反。对于连续可导的温度场，显然存在着连续的温度梯度场，也就存在连续的热流密度场。

傅里叶定律正确描述了热流密度 q、温度梯度 $\text{grad} t$ 及物体导热系数之间的关系，是分析导热问题的基本定律。傅里叶定律适用于所有物质，不论它处于固态、液态或气态。另外，傅里叶定律可以用于分析稳态导热，也可以分析非稳态导热。分析稳态导热时，温度分布不随时间改变；分析非稳态导热时，温度分布是时间和空间的函数。

（3）导热系数

傅里叶定律给出了导热系数的定义，式(2-7)整理后得

$$\lambda = -q/\text{grad} t \qquad (2-8)$$

比例系数 λ 称为导热系数，导热系数在数值上等于单位温度梯度作用下单位时间内单位面积的热量。导热系数是物性参数，它与物质结构和状态密切相关，与物质几何形状无关。其量纲为 W/(m·K)，它反映了物质微观粒子传递热量的特性。

不同物质的导热机理是不同的，各种物质的导热系数相差很大。一般而言，金属的导热系数最大，非金属和液体次之，气体的导热系数最小。导热系数越大，说明其导热性能越好。当 $\lambda < 0.2$ W/(m·K) 时，这种材料称为保温材料。高效能的保温材料多为蜂窝状多孔结构。这种材料内部有许多小的空隙，而空隙的几何尺寸应小到不能形成明显的自然对流。此时材料中的热量转移一部分依靠固体导热，一部分依靠微小气孔的导热和辐射换热。由于填充空隙的是空气或其他导热系数很低的气体(如氟里昂蒸气)，因此保温材料有很好的隔热性能。

同一种物质的导热系数也会因其状态参数的不同而改变，因而导热系数是物质温度和压力的函数。由于物质温度和压力的高低直接反映物质分子的密集程度和热运动的强弱程度，直接影响着分子的碰撞、晶格的振动和电子的漂移，故物质的导热系数与温度和压力密切相关。但是由于固体和液体的不可压缩性，以及气体导热系数在较大压力范围变化不大，因而一般把导热系数仅仅视为温度的函数，而且在一定温度范围还可以用一种线性关系来描述，即

$$\lambda = \lambda_0 (1 + bT) \qquad (2-9)$$

式中　λ_0——参考温度下的导热系数，W/(m·K)；

　　　b——实验常数。

各种物质的导热系数数值均由实验确定。各类物质的导热系数数值的大致范围及随温度变化的情况如图 2-4 所示。

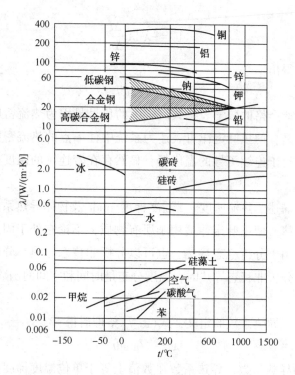

图2-4　各种物质导热系数数值的大致范围

2. 1. 2　导热微分方程式

傅里叶定律确定了连续温度场内每一点的温度梯度和热流密度之间的关系，因而知道了物体中的温度分布就可以得到相应的热流密度。但是，傅里叶定律没有指出一个点的温度与它临近点的温度有何联系，更没有回答一个点的温度如何随时间变化。建立导热微分方程，可以揭示连续温度场随空间坐标和时间变化的内在联系。

在这里我们以能量守恒定律和傅里叶定律为基础，分析物体（系统）中的微元体，得出反映导热现象基本规律的导热微分方程式。图2-5给出了一个导热系统及其在直角坐标系中的一个微元体 $dxdydz$。为分析问题方便，取系统的物性量：密度 ρ，比热容 c 和导热系数 λ 均为常数。

根据能量守恒定律，单位时间净导入微元体的热量 Q_d 加上微元体内热源生成的热量 Q_v 应等于微元体焓的增加量 ΔE，即

$$Q_d + Q_v = \Delta E \tag{2-10}$$

根据傅里叶定律，在 $d\tau$ 时间内，在 x 方向上导入的热量为 $-\lambda \dfrac{\partial t}{\partial x}dydzd\tau$，而导出的热量为 $-\lambda \dfrac{\partial}{\partial x}\left(t+\dfrac{\partial t}{\partial x}dx\right)dydzd\tau$。因此，在 x 方向上净导入的热量为 $\lambda \dfrac{\partial^2 t}{\partial x^2}dxdydzd\tau$。同理可导出，在 y 方向上净导入的热量为 $\lambda \dfrac{\partial^2 t}{\partial y^2}dxdydzd\tau$，而在 z 方向上净导入的热量为 $\lambda \dfrac{\partial^2 t}{\partial z^2}dxdydzd\tau$。于是有

14

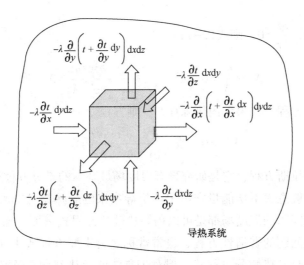

图 2-5　直角坐标中导热系统与其微元体

$$Q_d = \lambda \left(\frac{\partial^2 t}{\partial x^2} + \frac{\partial^2 t}{\partial y^2} + \frac{\partial^2 t}{\partial z^2} \right) \mathrm{d}x\mathrm{d}y\mathrm{d}z\mathrm{d}\tau \tag{2-11}$$

微元体内热源在 $\mathrm{d}\tau$ 时间内生成的热量为

$$Q_v = q_v \mathrm{d}x\mathrm{d}y\mathrm{d}z\mathrm{d}\tau \tag{2-12}$$

式中　q_v——单位时间单位体积的内热源发热量，$\mathrm{W/m^3}$。

微元体在 $\mathrm{d}\tau$ 时间内焓的增加量为

$$\Delta E = \rho c \frac{\partial t}{\partial \tau} \mathrm{d}x\mathrm{d}y\mathrm{d}z\mathrm{d}\tau \tag{2-13}$$

将式 (2-11)~式 (2-13) 代入式 (2-10) 中，并且两边同时除以 $\mathrm{d}x\mathrm{d}y\mathrm{d}z\mathrm{d}\tau$，可以得到

$$\rho c \frac{\partial t}{\partial \tau} = \lambda \left(\frac{\partial^2 t}{\partial x^2} + \frac{\partial^2 t}{\partial y^2} + \frac{\partial^2 t}{\partial z^2} \right) + q_v \tag{2-14(a)}$$

上式亦可写为

$$\frac{\partial t}{\partial \tau} = a \left(\frac{\partial^2 t}{\partial x^2} + \frac{\partial^2 t}{\partial y^2} + \frac{\partial^2 t}{\partial z^2} \right) + \frac{q_v}{\rho c} = a \nabla^2 t + \frac{q_v}{\rho c} \tag{2-14(b)}$$

式中　∇^2——拉普拉斯算子；

　　a——热扩散系数，$a = \lambda / \rho c$，$\mathrm{m^2/s}$。

热扩散系数 a 也是一个物性参数，从其物理量的组成表明了物质导热特性与其储存热能特性的对比关系，因而反映了物质导热的动态特征。ρc 是单位体积的物体温度升高 1℃ 所吸收的热量。a 的数值大（λ 大或 ρc 小），意味着在热量传递过程中，沿途用于使物体温度升高的热量 ρc 少，而剩余有更多的热量向物体内部传递，致使物体内各点的温度能较快的升高。可以看出，a 值的大小，说明物体在加热冷却时的各部分温度变化的快慢。对于相同大小的物质系统，在加热或冷却的过程中，热扩散系数越大的物质，其内部温度趋于一致的能力越大。由此也可将热扩散系数称为导温系数。

式 (2-14) 为导热系统的导热微分方程式。它表述了导热系统内温度场随时间和空间的变化规律，是导热温度场的场方程。

对于稳态温度场，$\frac{\partial t}{\partial \tau}=0$，则式(2-14)变为

$$\nabla^2 t+\frac{q_v}{\lambda}=0 \quad 或 \quad \frac{\partial^2 t}{\partial x^2}+\frac{\partial^2 t}{\partial y^2}+\frac{\partial^2 t}{\partial z^2}+\frac{q_v}{\lambda}=0 \tag{2-15}$$

此式常称为泊桑方程。如果无内热源存在，则方程变为

$$\nabla^2 t=0 \quad 或 \quad \frac{\partial^2 t}{\partial x^2}+\frac{\partial^2 t}{\partial y^2}+\frac{\partial^2 t}{\partial z^2}=0 \tag{2-16}$$

此式则称为拉普拉斯方程，它是研究稳态温度场最基本的微分方程式。

由于我们是在一般意义下从能量守恒定律推导出来的导热微分方程式，因而反映系统内能变化的一切导热问题的温度场都是可以用导热微分方程式来加以描述的。这也就是说，导热微分方程是导热问题的普适性方程，也常常称之为支配方程或主导方程，一切导热问题的温度场都必须满足导热微分方程式。但对于具体的导热问题，还必须给出反映该问题特征的单值性条件，最后才能通过分析求解而得出满足该导热问题的特定温度场。导热问题的单值性条件通常包括如下四项：

几何条件——表征导热系统的几何形状和大小（属于三维，二维或一维问题）；

物理条件——说明导热系统的物理特性（即物性量和内热源的情况）；

初始条件——又称时间条件，反映导热系统的初始状态；

边界条件——反映导热系统在界面上的特征，也可理解为系统与外界环境之间的关系。

由于几何条件和物理条件可以在导热微分方程式以及初始条件和边界条件中反映出来，因此，从数学求解的层面上讲，微分方程式加上初始条件和边界条件就构成一个微分方程的定解问题。下面我们着重讨论一下导热系统的初始条件和边界条件。

微分方程的初始条件就是给出导热过程初始瞬间系统内的温度分布。数学表达式为

$$t=f(x, y, z, 0) \tag{2-17}$$

如果初始温度分布是均匀恒定时，则有 $t=t_i=$ 常数。对于稳态导热问题则不需要初始条件。

方程的边界条件是用来描述导热系统在边界上的热量传递特征的。常见的有如下三类：

① 第一类边界条件

该条件是给定系统边界上的温度分布，它可以是时间和空间的函数，也可以为给定不变的常数值，如图 2-6(a)所示的 $x=x_1$ 时 $t=f(y, z, \tau)$。

② 第二类边界条件

该条件是给定系统边界上的温度梯度，即相当于给定边界上的热流密度，它可以是时间和空间的函数，也可以为给定不变的常数值，如图 2-6(b)所示的 $x=x_1$ 时 $\partial t/\partial x=f(y, z, \tau)$。

③ 第三类边界条件

该条件是第一类和第二类边界条件的线性组合，常为给定系统边界面与流体间的换热系数和流体的温度，这两个量可以是时间和空间的函数，也可以为给定不变的常数值，如图 2-6(c)所示的 $x=x_1$ 时 $-\lambda \partial t/\partial x=h(t-t_\infty)$。

利用坐标变换，我们可以把直角坐标系中的导热微分方程式变换为圆柱坐标系或球坐

标系中的导热微分方程式，这两种坐标系中的导热微元体如图2-7所示。各自的微分方程形式为

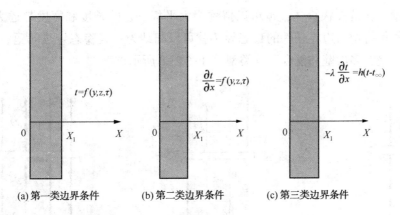

(a) 第一类边界条件   (b) 第二类边界条件   (c) 第三类边界条件

图2-6　三类边界条件的给定

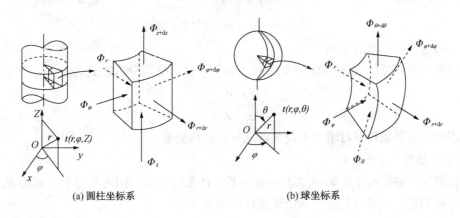

(a) 圆柱坐标系   (b) 球坐标系

图2-7　两种坐标微元体示意图

对于圆柱坐标系

$$\frac{\partial t}{\partial \tau} = a\left(\frac{\partial^2 t}{\partial r^2} + \frac{1}{r} \cdot \frac{\partial t}{\partial r} + \frac{1}{r^2} \cdot \frac{\partial^2 t}{\partial \varphi^2} + \frac{\partial^2 t}{\partial z^2}\right) + \frac{q_v}{\rho c} \tag{2-18}$$

对于球坐标系

$$\frac{\partial t}{\partial \tau} = a\left[\frac{1}{r^2} \cdot \frac{\partial}{\partial r}\left(r^2 \frac{\partial t}{\partial r}\right) + \frac{1}{r^2 \sin\theta} \cdot \frac{\partial}{\partial \theta}\left(\sin\theta \frac{\partial t}{\partial \theta}\right) + \frac{1}{r^2 \sin^2\theta} \cdot \frac{\partial^2 t}{\partial \varphi^2}\right] + \frac{q_v}{\rho c} \tag{2-19}$$

这两种坐标系中的导热微分方程式也有其在空间坐标和时间坐标上的相应的简化形式，这里不再列出。

2.2　稳态导热及基本计算

在稳态情况下，利用导热微分方程式加上边界条件就可以求解微分方程式而得出相应系统的温度场，进而利用傅里叶定律求出热流场。在这一节里，我们将就工程实际中常用的一维稳态导热问题，如通过平壁的导热、通过圆筒壁的导热，进行分析。

2.2.1　通过平壁的导热

所谓平壁，就是板状物体，也可以俗称为大平板。它的长度和宽度都远大于其厚度，因而平板两侧保持均匀边界条件的稳态导热就可以归纳为一维稳态导热问题。从平板的结构可分为单层壁、多层壁和复合壁等类型，如图 2-8 所示。

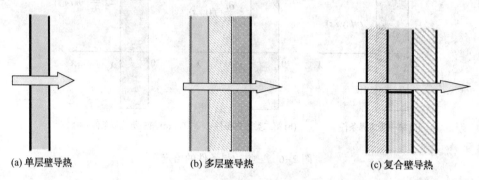

(a) 单层壁导热　　　　　　　(b) 多层壁导热　　　　　　　(c) 复合壁导热

图 2-8　一维平壁导热示意图

（1）通过单层平壁的导热

单层壁稳态导热的物理模型如图 2-8(a) 所示，其导热微分方程式为

$$\frac{\mathrm{d}^2 t}{\mathrm{d}x^2}+\frac{q_v}{\lambda}=0 \qquad (2-20)$$

在不同的边界条件下可求出不同的温度分布和热流量。

① 无内热源，λ 为常数

最简单的求解情况是在第一类边界条件下，且无内热源，同时平壁材料的导热系数为常数的导热问题。此时微分方程和边界条件可写为

$$\frac{\mathrm{d}^2 t}{\mathrm{d}x^2}=0 \qquad (2-21)$$

$$x=0 \quad t=t_1 \qquad (2-22)$$

$$x=\delta \quad t=t_2 \qquad (2-23)$$

积分式(2-21)，得到 $t=c_1 x+c_2$，并代入边界条件式(2-22)、式(2-23)，即可得到平壁中的温度分布

$$t=\frac{t_2-t_1}{\delta}x+t_1 \quad 或 \quad \frac{t-t_1}{t_2-t_1}=\frac{x}{\delta} \qquad (2-24)$$

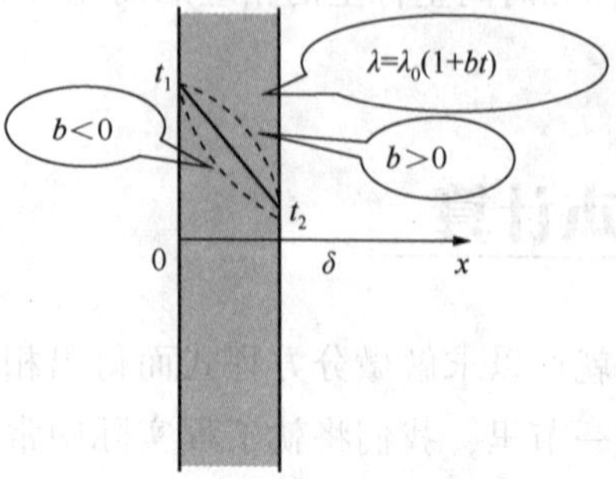

可见，在无内热源而导热系数又为常数的情况下，平壁的温度分布是线性的，即为一条直线，如图 2-9 所示。

由傅里叶定律 $q=-\lambda\dfrac{\mathrm{d}t}{\mathrm{d}x}$，再对上式求导后代入可得

$$q=\frac{\lambda}{\delta}(t_1-t_2) \quad 或 \quad q=\frac{t_1-t_2}{\delta/\lambda} \qquad (2-25)$$

图 2-9　通过单层壁导热

这就是计算通过平壁的导热热流密度的公式，后一种形式是热阻表达式。那么，通过整个平壁表面的热流量的计算式则为

$$Q=\frac{\lambda}{\delta}(t_1-t_2)A \quad 或 \quad Q=\frac{t_1-t_2}{\dfrac{\delta}{\lambda A}} \tag{2-26}$$

上式中的后一种形式也是热阻表达式。应注意到，式 (2-26) 中的 δ/λ 为单位面积的导热热阻，$(\mathrm{m}^2 \cdot ℃)/\mathrm{W}$，而式 (2-26) 中的 $\delta/(\lambda A)$ 则为平壁的导热热阻，$℃/\mathrm{W}$。

② 无内热源，λ 不为常数

如果平壁的导热系数不为常数，在设定导热系数是温度的线性函数，即 $\lambda=\lambda_0(1+bt)$ 的情况下，微分方程和边界条件变为

$$\frac{\mathrm{d}}{\mathrm{d}x}\left[\lambda_0(1+bt)\frac{\mathrm{d}t}{\mathrm{d}x}\right]=0 \tag{2-27}$$

$$x=0 \quad t=t_1 \tag{2-28}$$

$$x=\delta \quad t=t_2 \tag{2-29}$$

最后可求得其温度分布为

$$\frac{(t-t_1)\left[1+\dfrac{b}{2}(t+t_1)\right]}{(t_2-t_1)\left[1+\dfrac{b}{2}(t_2+t_1)\right]}=\frac{x}{\delta} \tag{2-30}$$

而热流密度计算式为

$$q=\lambda_0\left[1+\frac{b}{2}(t_2+t_1)\right]\frac{t_1-t_2}{\delta} \quad 或 \quad q=\frac{\lambda_\mathrm{m}}{\delta}(t_1-t_2) \tag{2-31}$$

式中，$\lambda_\mathrm{m}=(\lambda_1+\lambda_2)/2=\lambda_0\left[1+\dfrac{b}{2}(t_2+t_1)\right]=\lambda_0(1+b\,t_\mathrm{m})$，从中不难看出，$\lambda_\mathrm{m}$ 为平壁两表面温度下的导热系数值的算术平均值，亦为平壁两表面温度算术平均值下的导热系数值。

从温度分布函数的形式可以看出，在无内热源但导热系数线性变化的情况下，温度分布为抛物线，如图 2-9 所示，其抛物线的凹向取决于系数 b 的正负。当 $b>0$ 时，$\lambda=\lambda_0(1+bt)$，随着 t 增大，λ 增大，即高温区的导热系数大于低温区。根据 $Q=-\lambda A(\mathrm{d}t/\mathrm{d}x)$，所以高温区的温度梯度 $\mathrm{d}t/\mathrm{d}x$ 较小，从而形成上凸的温度分布。当 $b<0$ 时，$\lambda=\lambda_0(1+bt)$，随着 t 增大 λ 减小，高温区的温度梯度 $\mathrm{d}t/\mathrm{d}x$ 较大。

③ 有内热源，λ 为常数

如果平壁内有均匀的内热源 q_v，且认为导热系数为常数（$\lambda=\mathrm{const}$），以及平壁两边温度相等。图 2-10 显示了这种情况，于是有方程和边界条件：

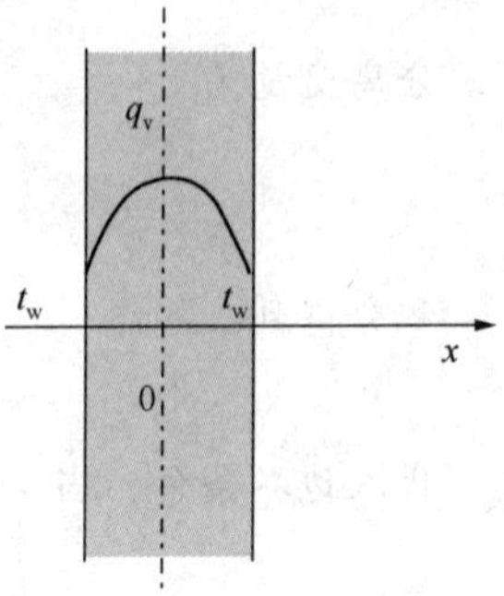

$$\frac{\mathrm{d}^2t}{\mathrm{d}x^2}+\frac{q_\mathrm{v}}{\lambda}=0$$

图 2-10 含内热源平壁
导热问题

19

$$x=0 \quad \frac{\mathrm{d}t}{\mathrm{d}x}=0$$

$$x=\delta \quad t=t_{\mathrm{w}}$$

积分该微分方程可以得到 $t=-\dfrac{q_{\mathrm{v}}}{2\lambda}x^2+c_1 x+c_2$，再代入上述边界条件得到相应的温度分布

$$t=t_{\mathrm{w}}+\frac{q_{\mathrm{v}}}{2\lambda}(\delta^2-x^2) \tag{2-32}$$

温度分布曲线示于图 2-10 中。它也是一条抛物线，其顶点在平板的中心。可以求得中心温度为

$$t_{\mathrm{c}}=t_{\mathrm{w}}+q_{\mathrm{v}}\delta^2/(2\lambda) \tag{2-33}$$

也可以求出平壁中的热流密度为 $q=q_{\mathrm{v}}x$，而壁面上则为 $q_{\mathrm{w}}=q_{\mathrm{v}}\delta$。

【例 2-1】 有一砖砌墙壁，厚为 0.25m。已知内外壁面的温度分别为 25℃和 30℃。试计算墙壁内的温度分布和通过的热流密度。

解：由平壁导热的温度分布 $\dfrac{t-t_1}{t_2-t_1}=\dfrac{x}{\delta}$，代入已知数据，可以得出墙壁内的温度分布表达式为

$$t=25+20x$$

再从附录表 3 查得红砖的导热系数为 $\lambda=0.87\mathrm{W}/(\mathrm{m\cdot℃})$，于是可以计算出通过墙壁的热流密度为

$$q=\frac{\lambda}{\delta}(t_1-t_2)=-17.4\ \mathrm{W/m^2}$$

【例 2-2】 某一维导热平板，平板两表面温度分别为 t_1 和 t_2。在这个温度范围内导热系数与温度的关系为 $\lambda=1/(\beta t)$。求平板内的温度分布。

解：一维稳态导热微分方程为

$$\frac{\mathrm{d}}{\mathrm{d}x}\left(\lambda\frac{\mathrm{d}t}{\mathrm{d}x}\right)=0$$

将 $\lambda=1/(\beta t)$ 代入后积分得出

$$\left(\frac{1}{\beta t}\right)\frac{\mathrm{d}t}{\mathrm{d}x}=c_1$$

分离变量为

$$\frac{\mathrm{d}t}{t}=\beta c_1\mathrm{d}x$$

积分得到

$$\ln t=\beta c_1 x+c_2$$

代入边界条件，当 $x=0$ 时，$t=t_1$，有

$$c_2=\ln t_1$$

而当 $x=\delta$ 时，$t=t_2$，有

$$\ln t_2=\beta c_1\delta+\ln t_1$$

得出

$$c_1 = \frac{1}{\beta\delta}\ln\frac{t_2}{t_1}$$

于是温度分布为

$$\ln t = \frac{1}{\delta}\ln\frac{t_2}{t_1}x + \ln t_1$$

或写为

$$t = \exp\left(\frac{1}{\delta}\ln\frac{t_2}{t_1}x + \ln t_1\right)$$

（2）通过多层壁的导热

由不同材料的平板组成的壁面称为多层壁，建筑物的墙壁和工业炉的炉墙都可以看成是多层壁的结构，这也是多层壁导热问题的实际例子。

多层壁的导热分析是通过对每一层的导热分析而得到其相应的温度分布的。对于导热系数为常数的多层壁，其温度分布应为一条折线。图2-11显示一个三层壁导热问题。

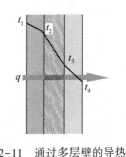

图 2-11　通过多层壁的导热

在稳态情况下由热流平衡原则可知，通过多层壁的热流密度亦为通过每一层的热流密度，即

$$q = \frac{t_1-t_2}{\dfrac{\delta_1}{\lambda_1}} = \frac{t_2-t_3}{\dfrac{\delta_2}{\lambda_2}} = \frac{t_3-t_4}{\dfrac{\delta_3}{\lambda_3}} \tag{2-34}$$

由和分比关系，上式可以写为

$$q = \frac{t_1-t_4}{\dfrac{\delta_1}{\lambda_1}+\dfrac{\delta_2}{\lambda_2}+\dfrac{\delta_3}{\lambda_3}} \tag{2-35}$$

推广到 n 层壁的情况，则有

$$q = \frac{t_1 - t_{n+1}}{\sum\limits_{i=1}^{n}\dfrac{\delta_i}{\lambda_i}} \tag{2-36}$$

这里应该注意到，在推导多层壁导热的公式时，假定了两层壁面之间是保持了良好的接触，要求层间保持同一温度。而在工程实际中这个假定并不存在。因为任何固体表面之间的接触都不可能是紧密的，如图2-12所示。在这种情况下，两壁面之间只有接触的地方才直接导热，在不接触处存在空隙，热量是通过充满空隙的流体以导热、对流和辐射的方式传递，因而存在传热阻力，称为接触热阻。有时接触热阻远大于导热热阻，这是因为空隙中填充着不流动的空气，而

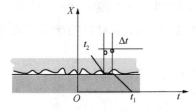

图 2-12　表面接触热阻示意图

空气的导热性能又远低于固体的缘故。接触热阻是普遍存在的，而目前对其研究又不充分，

往往采用一些实际测定的经验数据。通常，对于导热系数较小的多层壁导热问题接触热阻多不予考虑，但是对于金属材料之间的接触热阻就是不容忽视的问题。

【例2-3】 由三层材料组成的加热炉炉墙。第一层为耐火砖，第二层为硅藻土绝热层，第三层为红砖，各层的厚度及导热系数分别为$\delta_1 = 240mm$，$\lambda_1 = 1.04W/(m \cdot ℃)$，$\delta_2 = 50mm$，$\lambda_2 = 0.15W/(m \cdot ℃)$，$\delta_3 = 115mm$，$\lambda_3 = 0.63W/(m \cdot ℃)$。炉墙内侧耐火砖的表面温度为1000℃，炉墙外侧红砖的表面温度60℃。试计算硅藻土层的平均温度及通过炉墙的导热热流密度。

解：已知 $\delta_1 = 0.24m$，$\lambda_1 = 1.04W/(m \cdot ℃)$

$\delta_2 = 0.05m$，$\lambda_2 = 0.15W/(m \cdot ℃)$

$\delta_3 = 0.115m$，$\lambda_3 = 0.63W/(m \cdot ℃)$

$t_1 = 1000℃$，$t_2 = 60℃$

则

$$q = \frac{t_1 - t_2}{\dfrac{\delta_1}{\lambda_1} + \dfrac{\delta_2}{\lambda_2} + \dfrac{\delta_3}{\lambda_3}} = 1259W/m^2$$

$$t_2 = t_1 - q\frac{\delta_1}{\lambda_1} = 700℃$$

$$t_3 = t_2 - q\frac{\delta_2}{\lambda_2} = 289℃$$

硅藻土层的平均温度为

$$\frac{t_2 + t_3}{2} = 494.5℃$$

2.2.2　通过圆筒壁的导热

圆筒壁就是圆管的壁面。当管子的壁面相对于管长而言非常小，且管子的内外壁面又保持均匀的温度时，通过管壁的导热就是圆柱坐标系上的一维导热问题。这里仅讨论稳态的情况。

（1）通过单层圆筒壁的导热

由单一材料制成的圆管管壁中的导热是典型的通过单层圆筒壁导热的例子。

图2-13给出一圆筒，其内外半径分别为r_1和r_2，长为L，内外表面分别维持均匀不变的温度t_1和t_2，材料的导热系数为λ，且为常数。

在圆柱坐标中，微分方程和边界条件可写为

$$\frac{d}{dr}\left(r\frac{dt}{dr}\right) = 0$$

$$r = r_1 \quad t = t_1$$

$$r = r_2 \quad t = t_2$$

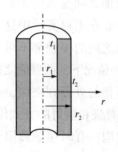

图2-13　单层圆筒壁的导热问题

积分上面的微分方程两次得到其通解为

$$t = c_1 \ln r + c_2$$

代入边界条件后得到积分常数

$$c_1 = \frac{t_1 - t_2}{\ln \dfrac{r_1}{r_2}}; \quad c_2 = t_1 - \frac{t_1 - t_2}{\ln \dfrac{r_1}{r_2}} \ln r_1$$

于是得出圆筒壁的温度分布为

$$\frac{t - t_1}{t_2 - t_1} = \frac{\ln \dfrac{r}{r_1}}{\ln \dfrac{r_2}{r_1}} \tag{2-37}$$

不难看出圆筒壁内的温度分布是一条对数曲线，如图 2-13 所示。根据 $Q = -\lambda \dfrac{\mathrm{d}t}{\mathrm{d}r}$ $(2\pi rL)$ 可知，r 大，面积 A 大，$\mathrm{d}t/\mathrm{d}r$ 必然小；反之，A 小处，$\mathrm{d}t/\mathrm{d}r$ 必然大。

利用傅里叶定律 $Q = -\lambda \dfrac{\mathrm{d}t}{\mathrm{d}r}(2\pi rL)$，又因 $\dfrac{\mathrm{d}t}{\mathrm{d}r} = \dfrac{c_1}{r}$，故而通过圆筒壁的导热量为

$$Q = \frac{2\pi \lambda L}{\ln \dfrac{r_2}{r_1}}(t_1 - t_2) = \frac{t_1 - t_2}{\dfrac{1}{2\pi \lambda L} \ln \dfrac{r_2}{r_1}} \tag{2-38}$$

如果上述导热问题中，材料的导热系数不为常数，且有 $\lambda = \lambda_0 (1 + bt)$，此时，通过圆筒壁的导热量由傅立叶定律可以表示为 $Q = -\lambda_0 (1 + bt) \dfrac{\mathrm{d}t}{\mathrm{d}r}(2\pi rL)$。由于在稳态条件下 Q 为常数，因而可以用分离变量积分的办法得到其温度分布，即

$$\frac{(t - t_1)\left[1 + \dfrac{b}{2}(t + t_1)\right]}{(t_2 - t_1)\left[1 + \dfrac{b}{2}(t_2 + t_1)\right]} = \frac{\ln \dfrac{r}{r_1}}{\ln \dfrac{r_2}{r_1}} \tag{2-39}$$

不难看出，变导热系数的温度分布仍然是一条对数曲线，进而也就可以得到通过圆筒壁的热流量：

$$Q = \frac{t_1 - t_2}{\dfrac{1}{2\pi \lambda_m L} \ln \dfrac{r_2}{r_1}} \tag{2-40}$$

式中，$\lambda_m = \lambda_0 \left[1 + \dfrac{b}{2}(t_2 + t_1)\right] = \lambda_0(1 + b\,t_m)$，为圆筒壁的平均导热系数，$t_m = \dfrac{t_1 + t_2}{2}$ 为内外壁面温度的算术平均值。

（2）通过含内热源圆柱体的导热

含内热源圆柱体的导热问题在工程上是常常会遇到的，如求通电圆柱体内的温度分布问题。在导热系数为常数的情况下，其方程和边界条件为

$$\frac{1}{r} \cdot \frac{d}{dr}\left(r\frac{dt}{dr}\right)+\frac{q_v}{\lambda}=0$$

$$r=0 \quad \frac{dt}{dr}=0$$

$$r=r_w \quad t=t_w$$

积分上面的微分方程两次有

$$t=\frac{q_v r^2}{4\lambda}+c_1\ln r+c_2$$

代入边界条件后得到

$$c_1=0, \quad c_2=t_w+\frac{q_v r_w^2}{4\lambda}$$

于是可以整理得出圆柱体内的温度分为

$$t=t_w+\frac{q_v}{4\lambda}(r_w^2-r^2) \tag{2-41}$$

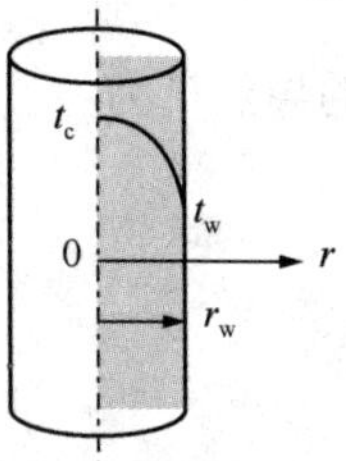

它是一条抛物线,如图 2-14 所示。

圆柱体中温度最高点在圆柱体的中心,温度为

$$t_c=t_w+\frac{q_v}{4\lambda}r_w^2 \tag{2-42}$$

由傅里叶定律 $q=-\lambda dt/dr$ 可以得出圆柱体内的热流密度分布

图 2-14 含内热源
圆柱体的导热

$$q=\frac{q_v r}{2\lambda}$$

而通过壁面的热流量是

$$Q=\pi q_v r_w^2 L$$

【例 2-4】 有一圆管外径为 50mm,内径为 30mm,其导热系数为 25W/(m·℃),内壁面温度为 40℃,外壁面温度为 20℃。试求通过壁面的单位管长的热流量和管壁内温度分布的表达式。

解:由通过圆筒壁的热流计算公式求得

$$q_1=\frac{t_1-t_2}{\frac{1}{2\pi\lambda}\ln\frac{r_2}{r_1}}=\frac{20}{\frac{1}{50\pi}\ln\frac{25}{15}}=6150.0295\text{W/m}$$

再由圆筒壁的温度分布

$$\frac{t-t_1}{t_2-t_1}=\frac{\ln\frac{r}{r_1}}{\ln\frac{r_2}{r_1}}$$

代入已知数据有

$$\frac{t-40}{20}=\frac{\ln r-\ln 0.015}{\ln \dfrac{25}{15}}$$

最后得出

$$t=39.1520\ln r+204.4269$$

【例 2-5】 有一圆柱体，其导热系数为 25W/(m·℃)，直径为 30mm，长为 500mm。当对其通以 $P=100\text{W}$ 的电功率后测得圆柱体表面的稳定温度为 40℃。试计算圆柱体的中心温度和表面热流密度。

解：由圆柱体中心温度的计算式 $t_c=\dfrac{q_v}{4\lambda}r_2^2+t_2$，以及由题意 $q_v=\dfrac{P}{\pi r_2^2 L}$，可以得出

$$t_c=\frac{P}{4\pi\lambda L}+t_2=\frac{2}{\pi}+40=40.6366\text{℃}$$

再由热流密度计算式 $q=\dfrac{q_v}{2}r$ 可以得到

$$q_{r=r_2}=\frac{P}{2\pi r_2 L}=2122.066\text{W/m}^2$$

（3）通过多层圆筒壁的导热

由不同材料制作的圆筒同心紧密结合而构成多层圆筒壁，如带有保温层的热力管道、嵌套的金属管道和结垢、积灰的输送管道等均属此类。如果管子的壁厚远小于管子的长度，且管壁内外边界条件均匀一致，那么在管子的径向方向构成一维稳态导热问题。一个三层圆筒壁的导热问题如图 2-15 所示。

该问题的温度分布可以分层求得，每层均为对数曲线。由于在稳态情况下通过各层的热流量是相等的，因而有

$$Q=\frac{t_1-t_2}{\dfrac{1}{2\pi\lambda_1 L}\ln\dfrac{r_2}{r_1}}=\frac{t_2-t_3}{\dfrac{1}{2\pi\lambda_2 L}\ln\dfrac{r_3}{r_2}}=\frac{t_3-t_4}{\dfrac{1}{2\pi\lambda_3 L}\ln\dfrac{r_4}{r_3}}$$

经整理可得到

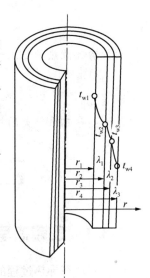

图 2-15 三层圆筒壁的导热

$$Q=\frac{t_1-t_4}{\dfrac{1}{2\pi L}\sum_{i=1}^{3}\dfrac{1}{\lambda_i}\ln\dfrac{r_{i+1}}{r_i}} \quad \text{或} \quad q_l=\frac{Q}{L}=\frac{t_1-t_4}{\dfrac{1}{2\pi}\sum_{i=1}^{3}\dfrac{1}{\lambda_i}\ln\dfrac{r_{i+1}}{r_i}}$$

$$(2-43)$$

式中 q_l——单位管长的热流量，W/m。

上式可推广到更多层圆筒壁的情况。

由于圆筒壁导热的计算式中含有对数项，计算实际问题时不够方便，可参照平壁导热计算公式作近似计算，即

$$Q=\frac{t_1-t_2}{\delta/(\lambda A_m)}$$

$$(2-44)$$

式中 δ——圆筒壁的壁厚，$\delta = (r_2 - r_1)$，m；

A_m——热流通过的平均圆筒壁面积，$A_m = 2\pi r_m L = \pi (r_1 + r_2) L$，$m^2$。

计算表明，当 $r_2/r_1 \leq 2$ 时，此式计算的结果与式（2-38）的计算结果的误差小于 4%，满足工程计算的要求。对于多层壁导热问题可参照上述办法处理。

【例2-6】 某管道外径为 $2r$，外壁温度为 t_1，如外包两层厚度均为 r（即 $\delta_2 = \delta_3 = r$）、导热系数分别为 λ_2 和 λ_3（$\dfrac{\lambda_2}{\lambda_3} = 2$）的保温材料，外层外表面温度为 t_2。如将两层保温材料的位置对调，其他条件不变，保温情况变化如何？由此能得出什么结论？

解：设两层保温层直径分别为 d_2、d_3 和 d_4，则 $d_3/d_2 = 2$，$d_4/d_3 = 3/2$。导热系数大的在里面：

$$q_L = \frac{t_1 - t_2}{\dfrac{1}{2\pi\lambda_2}\ln\dfrac{d_3}{d_2} + \dfrac{1}{2\pi\lambda_3}\ln\dfrac{d_4}{d_3}} = \frac{\Delta t}{\dfrac{1}{2\pi \cdot 2\lambda_3}\ln 2 + \dfrac{1}{2\pi\lambda_3}\ln\dfrac{3}{2}} = \frac{\lambda_3 \Delta t}{0.11969}$$

导热系数大的在外面：

$$q_L' = \frac{t_1 - t_2}{\dfrac{1}{2\pi\lambda_3}\ln 2 + \dfrac{1}{2\pi \cdot 2\lambda_3}\ln\dfrac{3}{2}} = \frac{\lambda_3 \Delta t}{0.1426}$$

两种情况散热量之比为

$$\frac{q_L}{q_L'} = \frac{0.1426}{0.11969} = 1.19 \quad 或 \quad \frac{q_L'}{q_L} = 0.84$$

结论：导热系数大的材料在外面，导热系数小的材料放在里层对保温更有利。

2.3 非稳态导热过程分析

2.3.1 非稳态导热过程概述

（1）非稳态导热过程的特点

导热系统（物体）内温度场随时间变化的导热过程为非稳态导热过程。在过程的进行中系统内各处的温度是随时间变化的，热流量也是变化的。这反映了传热过程中系统内的能量随时间的改变。我们研究非稳态导热过程的意义在于，工程上和自然界存在着大量的非稳态导热过程，如房屋墙壁内的温度变化、炉墙在加热（冷却）过程中的温度变化、物体在炉内的加热或在环境中冷却等。归纳起来，非稳态导热过程可分为两大类型，其一是周期性的非稳态导热过程，其二是非周期性的非稳态导热过程，通常指物体（或系统）的加热或冷却过程。这里主要介绍非周期性的非稳态导热过程。下面以一维非稳态导热为例来分析其过程的主要特征。

今有一无限大平板，突然放入加热炉中加热，平板受炉内烟气环境的加热作用，其温度就会从平板表面向平板中心随时间逐渐升高，其内能也逐渐增加，同时伴随着热流向平板中心的传递。图 2-16 显示了大平板加热过程的温度变化的情况。

从图中可见，当 $\tau=0$ 时平板处于均匀的温度 $t=t_0$ 下，随着时间 τ 的增加平板温度开始变化，并向板中心发展，而后中心温度也逐步升高。当 $\tau\to\infty$ 时平板温度将与环境温度拉平，非稳态导热过程结束。图中温度分布曲线是用相同的 $\Delta\tau$ 来描绘的。总之，在非稳态导热过程中物体内的温度和热流都是在不断变化的，而且都是一个不断地从非稳态到稳态的导热过程，也是一个能量从不平衡到平衡的过程。

（2）加热或冷却过程的两个重要阶段

从图 2-16 中也可以看出，在平板加热过程的初期，初始温度分布 $t=t_0$ 仍然在影响物体整个的温度分布。只有物体中心的温度开始变化之后（如图中 $\tau>\tau_2$ 之后），初始温度分布 $t=t_0$ 的影响才会消失，其后的温度分布就是一条光滑连续的曲线。据此，我们可以把非稳态导热过程分为两个不同的阶段，即：

初始状况阶段——环境的热影响不断向物体内部扩展的过程，也就是物体（或系统）仍然有部分区域受初始温度分布控制的阶段；

正规状况阶段——环境对物体的热影响已经扩展到整个物体内部，且仍然继续作用于物体的过程，也就是物体（或系统）的温度分布不再受初始温度分布影响的阶段。

由于初始状况阶段存在初始温度分布的影响而使物体内的整体温度分布必须用无穷级数来加以描述，而在正规状况阶段，由于初始温度影响的消失，温度分布曲线变为光滑连续的曲线，因而可以用初等函数加以描述，此时只要无穷级数的首项来表示物体内的温度分布。

（3）边界条件对导热系统温度分布的影响

从上面的分析不难看出，环境（边界条件）对系统温度分布的影响是很显著的，且在整个过程中都一直在起作用。因此，分析一下非稳态导热过程的边界条件是十分重要的，这里以一维非稳态导热过程（也就是大平板的加热或冷却过程）为例来加以说明。

图 2-17 表示一个大平板的加热过程，并画出在某一时刻的三种不同边界情况的温度分布曲线 (a)、(b)、(c)。这实质上是表明在三类边界条件下可能的三种温度分布。按照传热关系式 $q=\dfrac{t_\infty-t_w}{1/h}\approx\dfrac{t_w-t}{\delta/\lambda}$ 作一个近似的分析，就可得出如下结论。

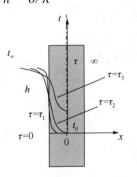　　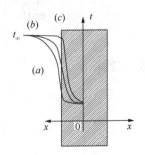

图 2-16　平板加热过程示意　　图 2-17　不同环境下的平板加热过程示意图

曲线 (a) 表示平板外环境的换热热阻 $1/h$ 远大于平板内的导热热阻 δ/λ，即 $1/h\gg\delta/\lambda$。从曲线上看，物体内部的温度几乎是均匀的，这也就说物体的温度场仅仅是时间的函数，而与空间坐标无关。我们称这样的非稳态导热系统为集总参数系统(一个等温系统或物体)。

曲线(b)表示平板外环境的换热热阻 $1/h$ 相当于平板内的导热热阻 δ/λ，即 $1/h \approx \delta/\lambda$。这也是正常的第三类边界条件。

曲线(c)表示平板外环境的换热热阻 $1/h$ 远小于平板内的导热热阻 δ/λ，即 $1/h \ll \delta/\lambda$。从曲线上看，物体内部温度变化比较大，而环境与物体边界几乎无温差，此时可认为 $t_\infty = t_w$。那么，边界条件就变成了第一类边界条件，即给定物体边界上的温度。

把导热热阻与换热热阻相比可得到一个无因次的数，我们称之为毕欧(Boit)数，即 $Bi = \dfrac{\delta/\lambda}{1/h} = \dfrac{h\delta}{\lambda}$。那么，上述三种情况则对应着 $Bi \ll 1$、$Bi \approx 1$ 和 $Bi \gg 1$。毕欧数是导热分析中的一个重要的无因次准则，它表征了给定导热系统内的导热热阻与其和环境之间的换热热阻的对比关系。它和下面将要介绍的傅里叶数(准则)一起是计算非稳态导热过程的重要参数。

下面我们将对一些简单的一维非稳态导热过程进行分析求解，以利于读者掌握非稳态导热过程的分析方法和进行实际的工程应用。

2.3.2　一维非稳态导热过程分析

(1) 无限大平板加热(冷却)过程分析及线算图

有一温度为 t_0 而厚度为 δ 的无限大平板突然放入温度为 t_∞ 的环境中加热，这是一个典型的一维非稳态导热问题，如图 2-18 所示。

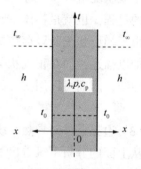

图 2-18　无限大平板加热过程模型

该问题的导热微分方程式和给定的初始条件、边界条件为

$$\frac{\partial t}{\partial \tau} = a \frac{\partial^2 t}{\partial x^2}$$

$$\tau = 0 \quad t = t_0 \tag{2-45}$$

$$\tau > 0 \quad \begin{cases} x=0 & \dfrac{\partial t}{\partial x} = 0 \\[2mm] x=\delta & \lambda \dfrac{\partial t}{\partial x} = -h(t - t_\infty) \end{cases}$$

写成无因次形式有

$$\frac{\partial \Theta}{\partial Fo} = \frac{\partial^2 \Theta}{\partial X^2}$$

$$Fo = 0 \quad \Theta = \Theta_0 = 1 \tag{2-46}$$

$$X = 0 \quad \frac{\partial \Theta}{\partial X} = 0$$

$$X = 1 \quad \frac{\partial \Theta}{\partial X} = -Bi\Theta$$

式中，$\Theta = \dfrac{\theta}{\theta_0} = \dfrac{t-t_\infty}{t_0-t_\infty}$；$\Theta_0 = \dfrac{\theta_0}{\theta_0} = 1$；$Fo = \dfrac{a\tau}{\delta^2}$；$Bi = \dfrac{h\delta}{\lambda}$；$X = \dfrac{x}{\delta}$。上面定义的无因次时间 Fo 我们称之为傅里叶准则或傅里叶数，其物理意义表征了给定导热系统的导热性能与其储热（储存热能）性能的对比关系，是给定系统的动态特征量（可以参照热扩散系数的物理意义来加以理解）。

采用分离变量法可解出上式而得到大平板的温度分布

$$\Theta = 2\sum_{n=1}^{\infty} \mathrm{e}^{-\mu_n^2 Fo}\frac{\sin\mu_n\cos(\mu_n X)}{\mu_n + \sin\mu_n\cos\mu_n} \tag{2-47}$$

式中 μ_n——微分方程的特征值，与边界条件密切相关，是 Bi 数的函数。

因此，大平板温度分布的一般函数表达式为

$$\Theta = f(Bi,\ Fo,\ X) \tag{2-48}$$

由于级数形式的解计算起来比较复杂，工程上常采用计算线图（俗称"诺谟图"）来解决非稳态导热的计算问题。由海斯勒（Heisler）制成的线算图为一套三图，能求解一维导热温度场和热流场。具体做法是，将无因次温度改为

$$\Theta = \frac{\theta}{\theta_0} = \frac{\theta_m}{\theta_0}\cdot\frac{\theta}{\theta_m} \tag{2-49}$$

式中，$\theta_m = t_c - t_\infty$ 为平板中心的过余温度。这样划分之后无因次中心温度 $\dfrac{\theta_m}{\theta_0} = f$ $(Bi,\ Fo)$ 仅仅是毕欧数和傅里叶数的函数，而相对过余温度 $\dfrac{\theta}{\theta_m} = f\left(Bi,\ \dfrac{x}{\delta}\right)$ 则只是毕欧数和无因次厚度的函数。再定义无因次热量，它也是毕欧数和傅里叶数的函数，即

$$\frac{Q}{Q_0} = f(Bi,\ Fo) \tag{2-50}$$

式中 Q——$0\sim\tau$ 时间内传导的热量（内热能的改变量），J；

$Q_0 = \rho c\,\theta_0 V$——$\tau\to\infty$ 时间内的总传导热量（物体内能改变总量），J；

V——物体的体积，m^3。

计算大平板无因次中心温度、相对过余温度和无因次热量的海斯勒线算图由图 2-19～图 2-21 给出。

利用线算图我们可以在已知平板初始温度和环境换热系数及温度的条件下，确定平板达到某一温度所经历的时间或者经历某一时间平板的温度。具体步骤是：

① 对于由时间求温度的步骤为，计算 Bi 数、Fo 数和 $\dfrac{x}{\delta}$，从图 2-19 中查找 $\dfrac{\theta_m}{\theta_0}$ 和从图 2-20 中查找 $\dfrac{\theta}{\theta_m}$，计算出 $\dfrac{\theta}{\theta_0} = \dfrac{t-t_\infty}{t_0-t_\infty}$，最后求出温度 t；

② 对于由温度求时间步骤为，计算 Bi 数、$\dfrac{x}{\delta}$ 和 $\dfrac{\theta}{\theta_0} = \dfrac{t-t_\infty}{t_0-t_\infty}$，从图 2-20 中查找 $\dfrac{\theta}{\theta_m}$，计算 $\dfrac{\theta_m}{\theta_0} = \left(\dfrac{\theta}{\theta_0}\right)\Big/\left(\dfrac{\theta}{\theta_m}\right)$，然后从图 2-19 中查找 Fo，再求出时间 τ。

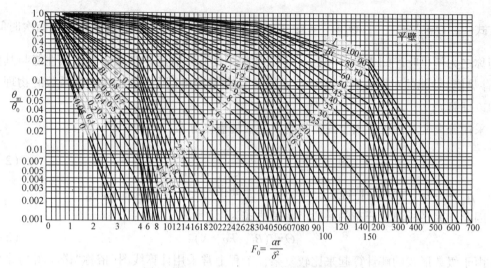

$$F_0 = \frac{a\tau}{\delta^2}$$

图 2-19　无限大平板中心温度的诺谟图

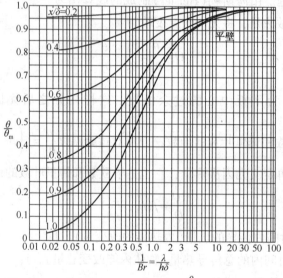

$$\frac{1}{Br} = \frac{\lambda}{h\delta}$$

图 2-20　无限大平板的 $\dfrac{\theta}{\theta_m}$ 曲线

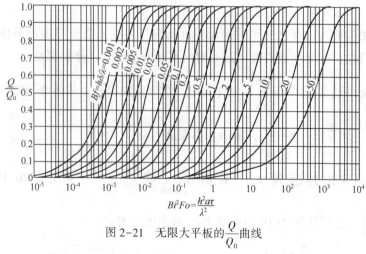

$$Bi^2Fo = \frac{h^2 a\tau}{\lambda^2}$$

图 2-21　无限大平板的 $\dfrac{Q}{Q_0}$ 曲线

③ 平板吸收(或放出)的热量，可在计算 $Q_0 = \rho c \theta_0 V$ 和 Bi 数、Fo 数之后，从图 2-21 中查找 $\dfrac{Q}{Q_0}$，再计算出 $Q = \left(\dfrac{Q}{Q_0}\right) \cdot Q_0$。

(2) 无限长圆柱体和球体的加热(冷却)过程分析及线算图

① 无限长圆柱体

无限长圆柱体在均匀环境中加热或冷却是典型的圆柱坐标下的一维非稳态导热过程，如图 2-22 所示。

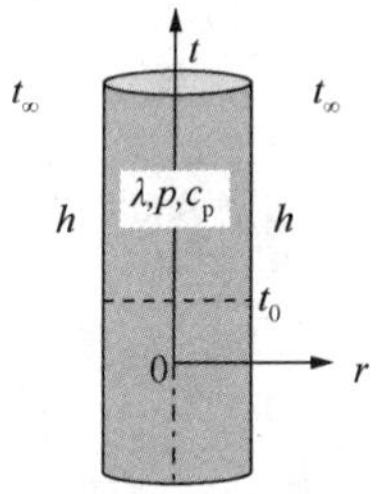

通过分析求解亦可得到相应的温度分布，同样也是无穷级数形式的解，其一般表达式为

$$\Theta = \frac{t - t_\infty}{t_0 - t_\infty} = f\left(Bi, \ Fo, \ \frac{r}{R}\right) \qquad (2\text{-}51)$$

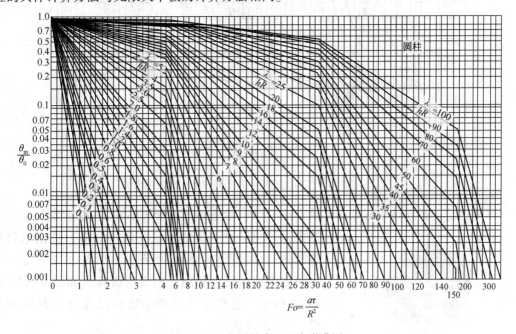

图 2-22　无限长圆柱体
非稳态导热过程

式中　R——无限长圆柱体的半径，而 $Bi = hR/\lambda$，$Fo = a\tau/R^2$(注意特征尺寸 R 与大平板 δ 的差别)。

我们可以采用线算图来计算无限长圆柱体温度分布和传导的热量。这里同样让

$$\Theta = \frac{\theta}{\theta_0} = \left(\frac{\theta_m}{\theta_0}\right) \cdot \left(\frac{\theta}{\theta_m}\right) = f_1(Bi, \ Fo) \cdot f_2(Bi, \ r/R) \qquad (2\text{-}52)$$

以及

$$\frac{Q}{Q_0} = f_3(Bi, \ Fo) \qquad (2\text{-}53)$$

于是可以作出三个相应的线算图，图 2-23～图 2-25 给出了无限长圆柱体非稳态导热过程的中心温度、相对过余温度及导热量随时间和空间的变化。无限长圆柱体非稳态导热过程的具体计算方法与无限大平板的计算方法相同。

图 2-23　长圆柱中心温度诺漠图

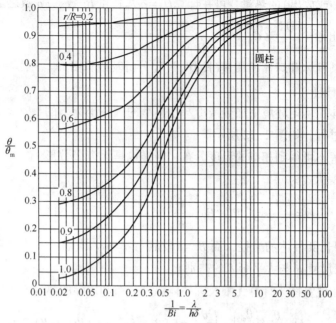

图 2-24　长圆柱的 $\dfrac{\theta}{\theta_m}$ 曲线

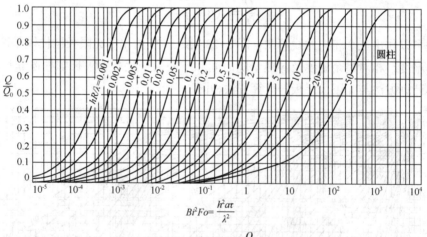

图 2-25　长圆柱的 $\dfrac{Q}{Q_0}$ 曲线

② 球体

球体也是一种在球坐标系中的典型的一维非稳态导热过程，如图 2-26 所示。也可以从方程和相应边界条件确定其温度分布，进而求得导热热量。这里我们仍然采用图解的方法。处理方法与无限大圆柱体完全相同，相应的线算图如图 2-27～图 2-29 所示。这里要注意的是特征尺寸 R 为球体的半径，r 为球体的径向方向。

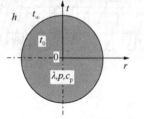

图 2-26　球体非稳态导热过程

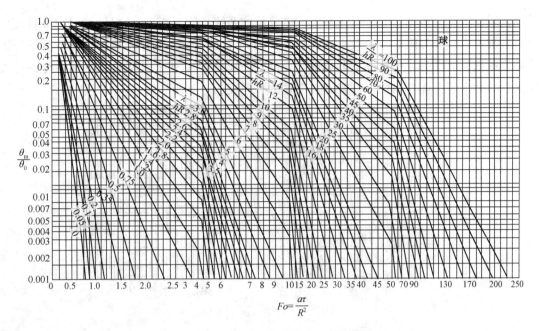

$$Fo = \frac{a\tau}{R^2}$$

图 2-27 球的中心温度诺谟图

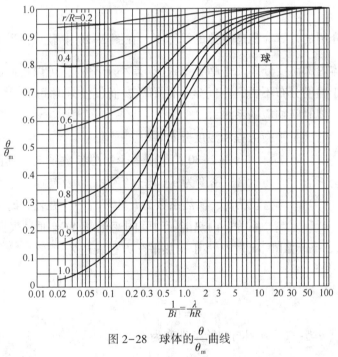

$$\frac{1}{Bi} = \frac{\lambda}{hR}$$

图 2-28 球体的 $\dfrac{\theta}{\theta_{\mathrm{m}}}$ 曲线

2.3.3 集总参数系统分析

在第 2.3.1 节中已经指出，当物体系统的外热阻远大于它的内热阻（即 $1/h \gg \delta/\lambda$）时，环境与物体表面间的温度变化远大于物体内的温度变化，这就可以认为物体内的温度分布几乎是均匀一致的。于是我们把物体内热阻可以忽略，也就是 $Bi = \dfrac{h\delta}{\lambda} \ll 1$ 的导热系统称为集总参数系统，有时也称为充分搅拌系统或热薄物体系统。应该指出，这是一个相对的概念，是由系统的内、外热阻的相对大小来决定的，即 Bi 数的大小。同一物体在一种环境下是集总参数系统，而在另一种情况下就可能不是集总参数系统，如金属材料在空气中冷却可视为集总参数系统，而在水中冷却就不是集总参数系统。

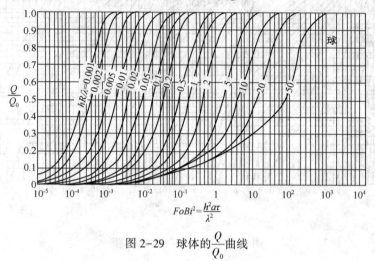

图 2-29　球体的 $\dfrac{Q}{Q_0}$ 曲线

注意，前面介绍的计算非稳态导热的线算图，在图 2-20 中显示，当 $Bi \leqslant 0.1$ 时，$\dfrac{\theta}{\theta_m} \geqslant 0.95$，这表明物体内部温度分布几乎趋于一致（误差小于 5%），可以近似认为物体是一个集总参数系统。由于温度分布不再是空间坐标的函数，而仅仅是时间坐标的函数。这样的物体系统就是一个仅随时间响应的系统。

（1）集总系统的能量平衡方程和温度分布

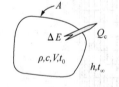

图 2-30　集总参数系统示意图

图 2-30 给出了一个集总参数系统，其体积为 V、表面积为 A、密度为 ρ、比热容为 c 以及初始温度为 t_0，突然放入温度为 t_∞、换热系数为 h 的环境中。在任一时刻系统的热平衡关系为：内热能随时间的变化率 $\Delta E =$ 通过表面与外界交换的热流量 Q_c，于是热平衡方程表述为

$$-\rho c V \frac{\mathrm{d}t}{\mathrm{d}\tau} = hA(t - t_\infty)$$

初始条件为　　　　　　　　　　　　$\tau = 0 \quad t = t_0$

引入过余温度 $\theta = t - t_\infty$，方程与初始条件变为

$$\frac{\mathrm{d}\theta}{\mathrm{d}\tau} = -\frac{hA}{\rho c V}\theta$$

$$\tau = 0 \quad \theta = \theta_0$$

分离变量积分并代入初始条件得出

$$\ln \frac{\theta}{\theta_0} = -\frac{hA\tau}{\rho c V} \text{ 或 } \frac{\theta}{\theta_0} = \mathrm{e}^{-\frac{hA\tau}{\rho c V}} \tag{2-54}$$

从式（2-54）可见，物体的温度随时间的变化关系是一条负自然指数曲线，或者无因次

温度的对数与时间的关系是一条负斜率直线。可见物体温度随时间的推移逐步趋于环境温度，这是符合物体冷却过程的规律的。对于加热过程，只要过余温度仍然采用上面的定义，方程形式和最后的解都不改变。

（2）时间常数

注意式(2-54)，不难看出$\frac{\rho cV}{hA}$具有时间的量纲，即因次，称为系统的时间常数，记为τ_s，也称弛豫时间。它反映了系统处于一定的环境中所表现出来的传热动态特征，与其几何形状、密度及比热容有关，还与环境的换热情况相关。可见，同一物质不同的形状其时间常数不同，同一物体在不同的环境下时间常数也是不相同。

由于时间常数对系统的温度随时间而变化的快慢有很大的影响，因而在温度的动态测量中是一个很受关注的物理量。例如，用热电偶测量一个随时间变化的温度场，热电偶时间常数的大小对所测量的温度变化就会产生影响，时间常数大，响应就慢，跟随性就差；相反，时间常数越小，响应就越快，跟随性就越好。

当物体冷却或加热过程所经历的时间等于其时间常数时，即$\tau=\frac{\rho cV}{hA}=\tau_s$，则有$\frac{\theta}{\theta_0}=e^{-1}=0.368$，表明物体与环境之间的温差变为初始温差的36.8%。同理，有

$$\tau=2\tau_s \quad \frac{\theta}{\theta_0}=e^{-2}=0.135$$

$$\tau=3\tau_s \quad \frac{\theta}{\theta_0}=e^{-3}=0.05$$

$$\tau=4\tau_s \quad \frac{\theta}{\theta_0}=e^{-4}=0.018$$

而当$\tau=4.6\tau_s$时，$\frac{\theta}{\theta_0}=e^{-4.6}=0.01$，表明物体与环境之间的温差变为初始温差的1%。从以上数据可以看出物体或系统的冷却或加热过程，在其初期是变化得较快的。通常可以认为经历了4个时间常数值之后，物体的冷却或加热过程就基本结束了。图2-31显示了这一结果。

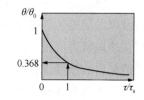

图2-31　集总参数系统温度随时间的变化图

（3）集总参数系统的判定

前面已经指出环境与系统之间的外热阻远大于系统的内热阻时，系统可视为集总参数系统，且以简单几何形状的大平板、长圆柱体以及球体为例，当它们的毕欧数小于0.1时，内部温差小于5%，近似认为是一个集总参数系统。如果以此为标准，如何去判定一个任意的系统是集总参数系统呢？下面作一个简单的分析。

将公式$\frac{\theta}{\theta_0}=e^{\frac{hA\tau}{\rho cV}}$改写为$\frac{\theta}{\theta_0}=e^{-Bi\cdot Fo}$，式中$Bi=\frac{h(V/A)}{\lambda}$，$Fo=\frac{a\tau}{(V/A)^2}$。显见，$V/A$具有长度的因次，称为集总参数系统的特征尺寸，记为$L=V/A$。如果我们用此处定义的$Bi$作为判定系统是否为集总参数系统，且按照内部温差小于5%的要求，可以写为

$$Bi\leqslant 0.1M \tag{2-55}$$

式中　M——形状修正系数。

对于厚度为 2δ 的大平板：$V/A=\delta$，按 $\dfrac{h\delta}{\lambda}\leqslant 0.1$，有 $M=1$；

对于直径为 $2r$ 的长圆柱体：$V/A=r_0/2$，按 $\dfrac{hr}{\lambda}\leqslant 0.1$，有 $M=0.5$；

对于直径为 $2r$ 的球体：$V/A=r_0/3$，按 $\dfrac{hr}{\lambda}\leqslant 0.1$，有 $M=1/3$。

那么对于其他形状的任何物体，其修正系数应在 $1\rightarrow 1/3$ 之间，这是基于球形物体的体面比 V/A 最小而确定的。因此，当我们难以判定一个复杂形体的形状修正系数时，可以将修正系数 M 取为 $1/3$，也就是将 $Bi\leqslant 0.0333$ 作为集总参数系统的判据。

拓展阅读——管道及储罐的保温

（1）输油管道的保温

与世界上多数产油国不同，我国所生产的原油大多为易凝高黏原油。油流过高的黏度使管道的压降剧增，往往工程上难以实现或不经济、不安全，故必须采用降凝、降黏等措施。加热输送是目前最常用的方法。在热油沿管道向前输送的过程中，由于其油温远高于管道周围的环境温度，在径向温差的推动下，油流所携带的热量将不断地往管外散失。因此，为了减少管道内油流的热损失，常在管道外包裹一层保温层。

热油管道保温后，由于热阻增大，管道热损失减小，使油流沿程温降减小，平均油温增高。这使所需加热站、泵站数减少，运行能耗费降低。与不保温管道相比，增加了保温材料及保温层施工等费用的一次性投资及后期运行维护费用。架空敷设的热油管道均有保温层；埋地管道应根据输油工艺要求、线路情况，经过技术经济比较后决定是否保温及保温层的材料、厚度选择。

根据国内外经验，保温管道一般适用于高温输送的重油管道、管径较小的原油管道、通过总传热系数大的地区或高寒地区的管道、由于特殊原因加热站间距较长的管道。我国建成的中洛原油管道、花格原油管道等采用了聚氨酯泡沫塑料保温层。

地下敷设的管道保温层除了应有较小的导热系数以减小管道散热、满足节能要求外，还应有足够的机械强度、较小的吸水性等特性，以保证保温层经久耐用。

保温层材料确定后，保温层厚度是影响技术经济指标的重要参数。保温层厚度增大，管道传热系数减小，可以减少加热站或泵站投资，降低能耗，节约运行费用，但保温层的材料费、施工费增加。且保温层厚度增加至一定程度后，保温效果的提高就不大明显了。应通过技术经济比较确定保温层厚度。可选定几种不同的保温层厚度，计算相应的管道传热系数，对它们进行管道的热力、水力工艺计算，确定泵站、加热站数及运行参数，计算其投资、经营费用，再对各方案进行技术经济比较，以确定最佳保温层厚度。

（2）油库储罐的保温

储罐是原油和油品储存的主要储存设备之一，为了存储和收发方便，原油的存储温度不能低于原油的凝固点。为了防止原油温度过低，要在储罐中设置蒸汽加热装置或是伴热加热管。储罐加热过程中为了防止热量散失，一般要在储罐外表面进行保温，特别是冬天的储罐保温隔热尤为重要，因为这些化工材料温度过低或是冷凝后就没有流动性或是不能正常使用，严重的会导致化工生产停止。保温隔热就成为储罐热量节能的关键所在。石油石化节能降耗一直是各国关注的焦点，储罐作为安全必用设备，保温隔热节能也就成为石油石化中所关注的焦点。

　　对于储存黏油和易凝油的储罐，在我国华北、东北和西北地区(除局部气温较高的地方外)，都应该考虑做保温层。对保温材料的要求是：应有低的导热系数、密度要小、耐热温度高、耐振动、含可燃物及水分极少、吸水性低、对金属无腐蚀作用、化学稳定性好等。

思　考　题

2-1　傅里叶定律中没有时间项，能否用来计算非稳态导热过程中的导热量？

2-2　什么是保温材料？选择和安装时应注意哪些问题？

2-3　具体导热问题完整的数学描述应当包括哪些内容？

2-4　试分别用数学语言及传热学术语说明导热问题的三种类型边界条件。

2-5　一维无限大平壁稳态导热问题，两侧给出第二类边界条件能否求温度分布？两侧面边界条件哪些组合可以求得温度场确定结果？

2-6　试说明集总参数法的物理概念及数学处理的特点。

2-7　试说明 Bi 数的物理意义。$Bi \to 0$ 及 $Bi \to \infty$ 各代表什么样的换热条件？有人认为，$Bi \to 0$ 代表了绝热工况，你是否赞同这一观点，为什么？

习　　题

2-1　如附图所示的双层平壁中，导热系数 λ_1，λ_2 为定值，假定过程为稳态，试分析图 2-32 中三条温度分布曲线所对应的 λ_1 和 λ_2 的相对大小。

2-2　某房屋砖砌外墙厚 230mm，高 3m，宽 4m，导热系数为 0.5W/(m·K)。室内墙表面的换热系数为 5W/(m²·K)，室外墙表面的换热系数为 8W/(m²·K)，室内外的空气温度分别为 20℃和 -5℃。求：①此墙的散热量；②如把砖墙改为同样尺寸的混凝土墙[导热系数为 1.35W/(m·K)]，其散热量增加多少？

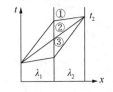

图 2-32　习题 2-1 附图

2-3　双层玻璃窗系由两层厚为 6mm 的玻璃及其间的空气隙所组成，空气隙厚度为 8mm。假设面向室内的玻璃表面温度与室外的玻璃表面温度各为 20℃及 -20℃，试确定该双层玻璃窗的热损失。如果采用单层玻璃窗，其他条件不变，其热损失是双层玻璃的多少倍？玻璃窗的尺寸为 60cm×60cm。不考虑空气间隙中的自然对流。玻璃的导热系数为 0.78W/(m·K)。

2-4　蒸汽管道的内外直径分别为 86mm 和 100mm，内表面温度为 150℃。现采用玻璃棉保温，如果要求保温层外表面温度不超过 40℃，且蒸汽管道允许的热损失为 $q_L = 30$W/m，已知蒸汽管道和玻璃棉保温层的导热系数分别为 $\lambda_1 = 43.3$W/(m·℃)，$\lambda_2 = 0.030$W/(m·℃)。

求玻璃棉保温层的厚度至少应为多少?

2-5 一外径$d_0 = 0.3m$的水蒸气管道,水蒸气温度为400℃。管道外包了一层厚0.065m的材料A,测得其外表面温度为40℃,但材料A的导热系数无数据可查。为了知道热损失情况,在材料A外又包了一层厚0.02m、导热系数$\lambda_B = 0.2W/(m \cdot ℃)$的材料B。测得材料B的外表面温度为30℃,内表面温度为180℃。试推算未包材料B时的热损失和材料A的导热系数λ_A。

2-6 一报警系统采用导线熔断报警方式,导线熔点为500℃,$\lambda = 210W/(m \cdot K)$,$\rho = 7200kg/m^3$,$c = 420J/(kg \cdot K)$,初始温度为25℃,$h = 12W/(m^2 \cdot K)$。求:当它突然受到650℃烟气加热后,为在1min内发出报警讯号,导线直径应限在多大以下?

2-7 一个合金钢球直径$d = 5mm$,初始温度$t_0 = 450℃$,密度为7822kg/m^3,比热容444J/(kg·K),导热系数为38W/(m·K)。若放入$t_f = 30℃$的油流中冷却,表面传热系数$h = 120W/(m^2 \cdot K)$。试求:①钢球的时间常数;②冷却到100℃所需要的时间;③允许采用集总参数法求解的最大钢球直径。

3 对流传热

对流传热指流体与固体表面有相对运动时发生的热量传递过程。在对流传热过程中，热量的传递包括了紧贴固体表面出的热传导和流体当中的热对流及热传导。对流传热可分为单相(无相变)对流传热和相变对流传热(凝结和沸腾)。单相对流传热按流动原因可分为强迫对流传热和自然对流传热。

3.1 对流传热的基本概念

3.1.1 对流传热的影响因素及分类

对流传热是由热对流和导热构成的复杂的热量传递过程。因此，影响流体导热和热对流的因素都将对对流传热产生影响。主要有以下几个方面：

(1) 流动的起因

对流传热中驱动流体在固体壁面流动的原因有两种，一种是由于流体中存在温度差，由此在流体中产生密度差，在体积力的作用下产生浮升力促使流体流动，称为自然对流；另一种是通过施加外力使流体流动，称为强制对流。流动起因不同，流体内温度分布、速度分布不同，对流传热的规律也不同。

(2) 流动的状态

当流型不变时，流速增加，层流边界层厚度减小，湍流边界层中层流底层的厚度也减小，对流传热热阻减小，对流传热系数增加。流速增加时雷诺数增加。雷诺数的增加，有时会使流体由层流转变成湍流。湍流时由于流体微团的互相掺混作用，对流传热增强。所以，对于同一流体、同一种传热面，湍流时对流传热系数一般要大于层流时的对流传热系数。

(3) 流体有无相变

对流传热无相变时流体仅改变显热，壁面与流体间有较大的温度差，而对流传热流体有相变时，流体吸收或放出相变焓。对于同一种流体，相变焓要比比热容大得多，所以有相变时的对流传热系数比无相变时大。此外，沸腾时液体中气泡的产生和运动增加了液体内部的扰动，也使对流传热强化。

(4) 换热表面的集合因素

壁面的形状、大小和位置对流体在壁面上的运动状态、速度分布和温度分布都有很大影响。图3-1(a)表示出几何形状对强迫流动情况的影响，分别表示流体纵掠平壁、管内强迫流动和横掠单管时的流动情况。图3-1(b)表示出了竖直平壁、热面向上和热面向下的水平平壁上自然对流的情况。由于传热面的几何形状和位置不同，流体在传热面上的流动情况不同，从而对流传热系数也不同。此外，如传热面的大小、管束排列方式、管间距离及流体冲刷管子角度等也都影响流体沿壁面的流动情况，从而影响对流传热系数。

（5）流体的热物理性质

如果把手放在同温度的静止冷空气和冷水中，将会感到水比空气冷一些。这是由于水和空气的热物理性质不同，对流传热的强度不同引起的。对流传热是导热和流动着的流体微团携带热量的综合作用，因此对流传热系数与反映流体导热能力的热导率 λ、反映流体携带热量能力的密度 ρ 和定压比热容 c_p 有关。流体的黏度 η（或运动黏度 ν）的变化引起雷诺数 Re 的变化，从而影响流体流态和流动边界层厚度 δ。体膨胀系数 α_V 影响自然对流传热时浮升力的大小和边界层内的速度分布（强迫对流强烈时 α_V 的影响往往可以忽略）。因此，流体的这些物性值也都影响对流传热系数的大小。

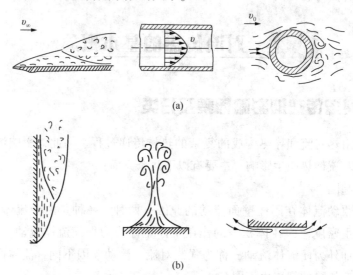

图3-1　壁面几何因素的影响

综上所述，各类对流传热皆可使用牛顿冷却公式表示。对流传热量可以表示为

$$Q = h_c A \Delta t \tag{3-1}$$

式中　Q——对流传热总热流量，W；

　　　h_c——对流传热系数，W/(m² · ℃)；

　　　A——对流传热面积，m²；

　　　Δt——对流传热温差，℃。

使用牛顿冷却公式 $Q = hA\Delta t$ 时，影响对流传热系数 h 的主要因素，可定性地用函数形式表示为

$$h = f(\nu, l, \lambda, \rho, c_p, \eta \text{ 或 } \nu, \alpha_V, \varphi) \tag{3-2}$$

确定对流传热系数 h 的函数关系式有两条途径：理论解法和实验解法。

理论解法是在所建立的边界层对流传热微分方程组的基础上，通过数学分析解法、积

分近似解法、数值解法和比拟解法求得对流传热系数 h 的表达式或数值。分析解法至今只能解决一些简一单的对流传热问题，大部分对流传热问题还无法解决。数值解法是一种很有前途的计算方法，但目前只能作预测计算。

实验解法是通过边界层对流传热微分方程组无量纲化或对式(3-2)进行量纲分析，得出有关的相似特征数，在相似原理的指导下建立实验台和整理实验数据，求得各特征数间的函数关系。再将函数关系推广到与实验现象相似的现象中去。这是一种在理论指导下的实验研究方法。实验解法是研究对流传热问题最早的一种方法，目前仍是研究对流传热的一种主要和可靠的方法，由此得到的实验关联式仍是传热计算，特别是工程传热计算普遍使用的计算式。本章只介绍实验解法。

对流传热不论是理论解法还是实验解法，都建立在边界层对流传热微分方程组的基础上，前者从理论上来求解此微分方程组，后者通过实验求解。为了介绍边界层对流传热微分方程组，首先要介绍边界层概念。

本章将介绍流动边界层和热边界层，在边界层理论指导下推导对流传热微分方程组。为了介绍实验解法，必须先介绍实验求解的理论基础——相似原理，在相似原理的指导下，将对流传热微分方程组无量纲化得出描述对流传热的几个特征数。以例题形式介绍如何设计实验系统和安排测量哪些物理量以及如何整理实验数据，即如何通过实验求得对流传热各物理量组成的特征数间的函数关系式，最后介绍在推广使用这些特征数关联式(又称特征数方程)时必须注意的问题。

3.1.2 流动边界层和热边界层

(1) 流动边界层

流体沿着平壁流动时，由于流体的黏性作用，壁面附近流体存在速度梯度，在垂直于壁面的方向上由中心向壁面逐渐降低，人们通常用相对流速为 0.99 处作为流动边界层外缘，其厚度以 δ 表示。边界层概念由德国科学家普朗特于 1904 年提出。随着流体沿平壁流动，壁面上层流边界层厚度逐渐增加。当雷诺数 Re 很高时(一般可认为 $Re \geq 5 \times 10^5$)，平壁附近前部为层流边界层后部为湍流边界层。湍流边界层底部有层流底层存在。流动边界层有以下特性：

① 流体雷诺数 Re 较大时，流动边界层厚度与物体的几何尺寸相比很小；

② 流体流速变化几乎完全在流动边界层内，边界层外的主流区流速几乎不变化；

③ 在边界层内，黏性力和惯性力其有相同的量级，它们均不可忽略；

④ 在垂直于壁面方向上，流体压力实际上可视为不变；

⑤ 当雷诺数大到一定数值(临界雷诺数 Re_c)时，边界层内的流动状态可分为层流和湍流。前部为层流边界层，后部为湍流边界层。在湍流边界层中，壁面附近有一层极薄的层流底层。

(2) 热边界层

在流体对流传热的情况下，流体与壁面间存在着传热温差，在垂直于壁面的方向上，在靠近壁面处流体温度变化很激烈，随着边界层厚度的增加变化逐渐缓和。用细小的高灵敏度的测温元件可以测出如图 3-2 所示的温度分布。在 $y=0$ 处，流体温度等于壁面温度。通常以流体相对过余温度的 99%处作为热边界层的外缘。该处到壁面的距离称为热边界层厚度，用 δ_t 表示。热边界层厚度与物体的几何尺寸相比很小(液态金属除外)。即以热边界层外缘为界将流体分为两部分：沿 y 方向有温度变化的热边界层和温度基本上不变的等温流动区。热边界层概念由波尔豪森于 1921 年提出。

在层流边界层中，沿 y 方向的热量传递的方式为导热，这是对流条件下的导热，邻层流体间有相对滑动，且各层的滑动速度也不一样，所以层流边界层中的温度分布不是直线型，而是抛物线型。在湍流边界层中，层流底层在 y 方向上的热量传递也靠导热方式。由于层流底层厚度极薄，其温度分布近似为一直线。在边界层湍流核心区，沿 y 方向的热量传递主要依靠流体微团的脉动引起的混合作用。因比，对于热导率不大的流体(液态金属除外)，湍流核心区的温度变化比较平缓。湍流边界层的热阻主要在层流底层。

流体纵掠平壁时热边界层的形成和发展与流动边界层相似，如图 3-3 所示。

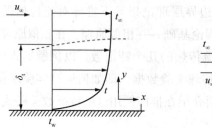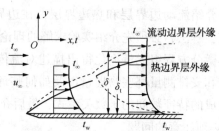

图 3-2 流体被冷却时的边界层　　图 3-3 流体纵掠平壁时热边界层的形成和发展

必须指出，热边界层厚度 δ_t 和流动边界层厚度 δ 不能混淆。热边界层厚度 δ_t 是由流体中垂直于壁面方向上的温度分布确定的，而流动边界层厚度 δ 由流体中垂直于壁面力向的速度分布确定。当壁面温度 t_w 等于流体温度 t_∞ 时，流体沿壁面流动时只存在流动边界层，而不存在热边界层。热边界层厚度 δ_t 与流动边界层厚度 δ 既有区别，又有联系。流动边界层厚度 δ 反映流体分子动量扩散能力，与运动黏度 ν 有关；而热边界层厚度 δ_t 反映流体分子热量扩散的能力，与热扩散率 a 有关。所以，δ_t/δ 应该与 a/ν 有关。即与无量纲物性值普朗特数 Pr 有关。普朗特数

$$Pr = \frac{\nu}{a} = \frac{\eta\, c_p}{\lambda} \tag{3-3}$$

根据普朗特数 Pr 的大小，一般流体可分为三类：

① 高普朗特数流体，例如机油、变压器油等高黏性油，其 Pr 数高达几十甚至 10^4 数量级；

② 低普朗特数流体，如液态全属，Pr 数为 10^{-2} 数量级；

③ 中等普朗特数流体，Pr 数为 0.7~10，例如气体的 $Pr=0.6~1.0$、水的 $Pr=0.9~10$ 等。

当 $Pr>1$ 的流体纵掠平壁时，对于层流边界层，由边界层积分方程分析解可得 δ_t 与 δ 的关系

$$\frac{\delta_t}{\delta} = \frac{1}{1.026\sqrt[3]{Pr}} \approx \frac{1}{\sqrt[3]{Pr}} \tag{3-4}$$

3.1.3 相似原理与量纲分析

（1）相似原理

相似原理在工程流体力学课程中已介绍过，本书只结合本课程作简单介绍，以便理解相关内容。

对一种物理现象（包括对流传热）进行分析，找出与该现象有关的物理量，即可直接通过实验（分别改变某一物理量的大小而维持其他物理量不变）找出各有关量间的定量函数关系。但是，对于一些复杂的物理现象，这样做往往很困难，有时甚至是不可能的。例如管内强迫对流传热，式（3-2）可改写成

$$h = f(v, d, \eta, \lambda, c_p, \rho)$$

对此，即使在直管、长管、对流传热温差不大等附加条件下，要通过实验求得上式的具体函数形式也是很困难的。由上式可知，影响管内强迫对流传热系数的物理量有 6 个，实验时每一个物理量至少要取 5 个不同的数值，即要做 5 次实验，6 个物理量共需做 $5^6 = 15625$ 次实验，实验次数是惊人的。这就迫使人们去寻找一种简化的方法，使实验次数减少。其次，由于种种原因，如实物太大或新设计的设备还未制造出来，在实物上做实验则无法进行，必须在模型上实验。由此还必须解决如何建立实验模型，模型上获得的实验关联式能否用到实物上去和如何用到实物上去等问题。相似原理使上述问题得到圆满解决。

物理现象相似是指，同一类物理现象中，凡相似的现象，在空间对应的点上和时间对应的瞬间，其各对应的物理量分别成一定的比例。同一类物理现象，是指那些用相同形式和相同内容的微分方程所描述的现象。温度场和速度场虽然微分方程的形式相同，但物理内容不同，所以它们不属于同一类现象。自然对流传热和强迫对流传热虽然同属单相流体对流传热，但它们的微分方程的形式和内容都有差异，也不属于同一类现象。不同类的物理现象影响因素不同，不能建立相似关系。

相似原理指出，两个现象相似，它们对应的同名相似特征数必相等。以常物性流体纵掠平壁对流传热为例，经无量纲化后得到相似特征数（准则数）Re（雷诺数）、Pr（普朗特数）和 Nu（努塞尔数）。所以，常物性流体纵掠平壁对流传热现象相似时，它们对应的特征数 Re、Pr 和 Nu 应分别对应相等。

相似原理还指出，描述某物理现象的各物理量组成的特征数（包括相似单纯量：无量纲长度、无量纲速度和无量纲相对过余温度等）之间存在着函数关系。常物性流体纵掠平壁对流传热特征数间的函数关系（又称特征数方程，习惯上称为准则方程）为

$$Nu = f(Re, Pr) \qquad [3-5(a)]$$

对于气体，Pr 数变化不大，上式可以简化为

$$Nu = f(Re) \qquad [3-5(b)]$$

纯自然对流传热时，边界层外流体静止，雷诺数消失，于是自然对流传热特征数函数关系式为

$$Nu = f(Gr, Pr) \qquad [3-6(a)]$$

同样，对于气体上式可写成

$$Nu = f(Gr) \qquad\qquad [3-6(b)]$$

相似原理的另一个内容是判断物理现象相似的条件。同类现象，单值性条件相似且同名已定相似特征数相等，则它们彼此相似。在判断常物性流体纵掠平壁对流传热现象时，只要 Re 和 Pr 分别相等，对流传热现象就相似，此时 Nu 数必定相等。式(3-5)中 Re 数和 Pr 数只含有已知量，称为已定(相似)特征数；而 Nu 数中含有待定量 h，称为待定(相似)特征数。

以上阐述了相似原理的三个核心内容：物理现象相似的性质、特征数间的关系和现象相似的条件。这些内容对实验有指导意义。根据相似原理，可以不在实物上做实验，而在与实物相似的模型上做实验，常称模化实验。在模型上做实验比在实物上做实验简便，各物理量便于控制，节省时间。实验中只要测量与过程有关的特征数所包含的物理量即可，而不必测量与这些特征数无关的物理量，实验结果应整理成与现象有关的特征数间的函数关系。例如，管内强迫对流传热实验原来整理的函数关系式至少需要做 15625 次实验，而按式[3-5(a)]整理只需做 25 次实验。

相似原理不仅适用于单相流体对流传热现象，也适用于其他传热现象和其他学科的物理现象。补充说明两点：①特征数关联式的某一个实验点，代表着由多个变化物理量组合成的无限个相似状况；②根据相似原理，模化实验的模型必须与实物完全相似，即不仅几何条件相似，单值性条件相似，而且所有物理量场也要相似。这在实践中是很难做到。实际实验室需要放弃一些次要因素来进行近似模化。以强迫对流传热为例，式[3-5(a)]中 Re 和 Pr 对 Nu 的影响程度不一样，Re 数的影响是主要的，Pr 数的影响是次要的。实验时可以用 Pr 数相近的流体代替原流体，这将简化实验。例如可用常温下的空气代替烟气或热空气做强迫对流传热实验，结果偏差不会太大。同样，湍流流动时圆管的实验数据也同样可适用于方管等，只需用当量直径相等即可。圆管与方管几何条件不相似，但根据近似模化，如 Re 数相等，圆管的数据可扩展用于某些非圆管。

（2）量纲分析

量纲是指物理量的基本属性。物理学的研究可定量地描述各种物理现象，描述中所采用的各类物理量之间有着密切的关系，即它们之间具有确定的函数关系。为了准确地描述这些关系，物理量可分为基本量和导出量。基本量是具有独立量纲的物理量，导出量是指其量纲可以表示为基本量量纲组合的物理量；一切导出量均可从基本量中导出，由此建立了整个物理量之间函数关系。这种函数关系通常称为量制。以给定量制中基本量量纲的幂的乘积表示某量量纲的表达式，称为量纲式或量纲积。它定性地表达了导出量与基本量的关系，对于基本量而言，其量纲为其自身。1971 年后，国际上普遍采用了国际单位制(简称 SI)，选定了由 7 个基本量构成的量制，导出量均可用这 7 个基本量导出。7 个基本量的量纲分别用长度 L、质量 M、时间 T、电流 I、温度 Θ、物质的量 n 和光强度 J 表示，则任一个导出量的量纲。物理量 A 的量纲记为 $\dim A$，常用力学量的 MLT 量纲式见附录。

量纲分析是对物理现象或问题所涉及的物理量的属性进行分析，从而建立因果关系的方法。根据一切量所必须具有的形式来分析判断事物间数量关系所遵循的一般规律。通过量纲分析可以检查反映物理现象规律的方程在计量方面是否正确，甚至可提供寻找物理现象某些规律的线索。

所建立反映客观实际规律的关系式，必须在单位尺度的主观任意变换下不受破坏。关系式的这一性质称为"完整性"。保证完整性有两种办法：一是要求出现在算式中的一切参量都是无量纲纯数，二是要求式中所有各项具有完全相同的量纲，也就是每一项的每一基本量纲都有相同的幂次，即所谓量纲的齐次性。既然量纲齐次，等式两边的量纲因子就可以相消，只剩下纯粹由量数构成的关系方程，也就是无量纲化了。量纲齐次是构成完整性的充分和必要条件。

3.2　单相对流传热及计算

单相流体对流传热时，流体流动状态不同，传热情况不同；壁面形状及驱使流体流动的动力不同，传热情况也不同。本节主要讨论诸如管内强迫流动、纵掠平壁、横掠单管和管束及大空间自然对流等典型的各类对流传热的特征数关联式。以适应工程计算的需要。

3.2.1　内部强制对流传热

管内单相流体的强迫对流传热是工程上普遍的传热现象。冷却水在内燃机气缸冷却夹套和散热器中的对流传热，机油在机油冷却器中对流传热，锅炉中水蒸气在过热器中的对流传热以及烟气在管式空气预热器中的对流传热等均属此类传热。

流体在管内流动时，由于雷诺数 Re 不同而呈不同的流动状态。显然，在不同流动状态下，由于边界层的厚度和边界层内流体流动情况不同，对流传热系数有显著差异，至今还不能用统一的计算式计算。对于不同的流动状态，通常采取分别研究的方法，下面将按流动状态(按一般工业管道临界雷诺数划分)分别介绍。

（1）湍流($Re>10^4$)强迫对流传热

考虑到工程实际应用，管内湍流强迫对流传热的特征数实验关联式具体形式

$$Nu_f = 0.023 Re_f^{0.8} Pr_f^{0.4} c_t c_l c_R \tag{3-7}$$

式中　　c_t——考虑边界层内温度分布对对流传热系数影响的温度修正系数；

　　　　c_l——考虑短管管长对对流传热系数影响的短管修正系数；

　　　　c_R——考虑管道弯曲对对流传热系数影响的弯管修正系数。

上式是工程计算中常用的管内强迫对流平均对流传热系数特征数关联式。使用范围为：$10^4 < Re_f \leqslant 1.2 \times 10^5$，$0.7 \leqslant Pr \leqslant 120$；特征尺寸为圆管内径 d_i，非圆管为当量直径 d_e；特征温度为流体平均温度 t_f；特征流速为流体平均温度下流动截面的平均流速 v_f。流体速度可由实验测量。一般先测出流体体积流量，然后再计算流速。如流体为气体，而流速测量处流体温度与 t_f 处不一样，这时要注意将测量处流体温度下的流速修正到 t_f 下的流速。

当流体温度 t_f 和壁温 t_w 相差较大时，温度场影响速度场，从而影响对流传热系数。图 3-4 示出了热流方向对速度分布的影响。图中曲线1 为等温流时的速度分布管内液体被冷却时，从管中心到管壁，液体

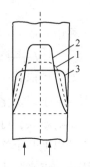

图 3-4　热流方向对速度场的影响

温度沿径向降低，黏度变大，从而影响速度分布。与等温流相比，如果平均流速不变，此时管中心部分流速将增加，而管壁处流速降低，速度分布变为曲线 2。由于气体黏度随温度升高而增加，所以气体被加热时速度分布也变成曲线 2。反之，当液体被加热或气体被冷却时速度分布变为曲线 3。近壁处流速增加或减少，会使对流传热增强或削弱。热流大小和方向影响对流传热系数的程度取决于加热还是冷却、温差大小和流体是液体还是气体，工程上用 c_t 加以修正。不同情况下的 c_t 值如下：

$$液体被加热 c_t = \left(\frac{\eta_f}{\eta_w}\right)^{0.11} \qquad [3-8(a)]$$

$$液体被冷却 c_t = \left(\frac{\eta_f}{\eta_w}\right)^{0.25} \qquad [3-8(b)]$$

$$气体被加热 c_t = \left(\frac{T_f}{T_w}\right)^{0.55} \qquad [3-8(c)]$$

$$气体被冷却 c_t = 1 \qquad [3-8(d)]$$

当 $\frac{l}{d} \geq 50$ 时，入口段对整个管子平均对流传热系数的影响不大，可以在计算时忽略。

但当 $\frac{l}{d} < 50$ 时，必须用修正系数 c_l 考虑入口段对对流传热系数 h 的影响。

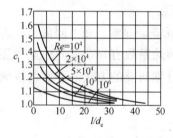

图 3-5　短管修正系数 c_l

如图 3-5 所示湍流传热时短管修正系数 c_l 与雷诺数 Re、相对管长 $\frac{l}{d_e}$ 的关系，d_e 为通道的当量直径。管道入口形状也影响对流传热系数。

流体在弯曲管道或螺旋管内流动时，由于离心力的作用，形成了二次环流，增强了对流传热。此时，必须把按直管段特征数关联式计算的 h 用大于 1 的弯管修正系数 c_R 修正：

$$气体弯管修正系数 c_R = 1 + 1.77\frac{d_i}{R} \qquad [3-9(a)]$$

$$液体弯管修正系数 c_R = 1 + 10.3\left(\frac{d_i}{R}\right)^3 \qquad [3-9(b)]$$

式中　R——弯管的弯曲半径，m；

　　　d_i——弯管内径，m。

对于蛇形管，直管段较短时必须考虑弯曲段的影响，而直管段较长（如锅炉过热器、省煤器的管子以及化工厂蛇形管换热器中的管子等）时，弯曲管段对整个管子平均对流传热系数的影响不大，可近似取 c_R 等于 1。

从以上几个修正系数可看出，短管修正系数 c_l 和弯管修正系数 c_R 不会小于 1。工程上利用这一点来强化管内强迫对流传热，即用短管和螺旋管来强化对流传热。

【例 3-1】　蒸汽轮机用冷凝器，铜管根数 $n = 6000$，管外径为 23mm，壁厚 1mm。冷却水进口处水温 $t_f' = 27.4℃$，管内壁温度为 $t_w' = 29.4℃$；冷却水出口处水温 $t_f'' = 27.4℃$，管内壁

温度为 $t_w'' = 29.4℃$；冷却水流量 $q_m = 9 \times 10^6 \text{kg/h}$。冷凝器内冷却水为两个流程。试计算管内壁与水之间的平均对流传热系数。

解：水的平均温度

$$t_f = 0.5(t_f' + t_f'') = 0.5 \times (27.4℃ + 34.6℃) = 31℃$$

据此查附录得水的物性值为

$\lambda_f = 0.62 \text{W/(m·K)}$，$\nu_f = 0.79 \times 10^{-6} \text{m}^2/\text{s}$，$\eta_f = 786.7 \times 10^{-6} \text{Pa·s}$，$Pr_f = 5.31$，$\rho_f = 995.4 \text{kg/m}^3$

由 $t_w = 0.5(t_w' + t_w'') = 32.5℃$，查得水的 $\eta_w = 764.4 \times 10^{-6} \text{Pa·s}$

由题意 $c_t = 1$，$c_l = 1$，$c_R = 1$

雷诺数为 $Re = \dfrac{\nu_f d_i}{\nu_f} = \dfrac{q_m d_i}{\rho_f A \nu_f} = 6.43 \times 10^4 > 10^4$

流动为湍流。

对流传热系数为

$$h = 0.023 \frac{\lambda_f}{d_i} Re_f^{0.8} Pr_f^{0.4} = 0.023 \times \frac{0.62 \text{W/(m·K)}}{0.021\text{m}} \times (6.43 \times 10^4)^{0.8} \times 5.31^{0.4}$$

$$= 9299 \text{W/(m}^2\text{·K)}$$

（2）层流强迫对流传热

雷诺数 $Re < 2200$ 时管内流体处于层流流动状态。层流时，流体进入管道后形成如图3-6所示的边界层。从入口开始，边界层沿程不断加厚，边界层内的流速较小。为了保持流量不变，边界层外流速增加。边界层继续增厚，最后在管中心线处汇合，整个管子被层流边界层占据。与管内湍流类似，管内层流也分为入口段和充分发展段。

理论分析表明，对于层流流动，入口段长度有如下关系：

入口段长度 l 有下列关系

$$\frac{l}{d_e} \cong 0.05 Re \qquad (3-10)$$

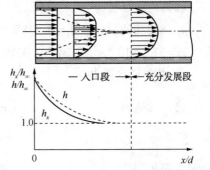

图 3-6　层流入口段 h_x 和 h 的沿程变化

层流热入口段长度有下列关系

$$\frac{l_t}{d_e} \cong 0.05 Re Pr \qquad (3-11)$$

图 3-6 还显示了局部对流传热系数 h_x 和平均对流传热系数 h 的沿程变化。h_x 和 h 随着层流边界层的增厚而降低，并在允分发展段趋于无穷大处的对流传热系数 h_∞。

对于层流强迫对流，建议平均传热系数采用赛德尔-塔特(Sieder-Tate)提出的以下关联式：

$$Nu_f = 1.86 \left(Re_f Pr_f \frac{d}{l} \right)^{1/3} \left(\frac{\eta_f}{\eta_w} \right)^{0.14} \qquad (3-12)$$

上式的使用范围为：$Re < 2200$，$Pr = 0.5 \sim 17000$，$\dfrac{\eta_f}{\eta_w} = 0.044 \sim 9.8$，$Re_f Pr_f \dfrac{d}{l} > 10$。

式中，用 $\left(\dfrac{\eta_f}{\eta_w}\right)^{0.14}$ 考虑非等温流动中温度场对对流传热系数 h 的影响，用 $\left(\dfrac{d}{l}\right)^{1/3}$ 来考虑入口效应对 h 的影响。由于 $l \to \infty$ 时式（3-12）中 $Nu_f \to 0$，所以式适用于 $Re_f Pr_f \dfrac{d}{l} > 10$ 的情况。

如果 $Re_f Pr_f \dfrac{d}{l} < 10$，则可用豪森（Pohlhausen）计算式计算平均对流传热系数 h：

$$Nu_f = 3.66 + \frac{0.0668\, Re_f Pr_f \dfrac{d}{l}}{1 + 0.04\left(Re_f Pr_f \dfrac{d}{l}\right)^{2/3}}\left(\frac{\eta_f}{\eta_w}\right)^{0.14} \qquad (3-13)$$

理论分析表明，当管内层流进入充分发展段后，对于常物性流体，对流传热系数保持不变，Nu 数也保持不变：对于圆管，恒壁温时 $Nu = 3.66$，恒热流时 $Nu = 4.36$。不同形状的管道即使当量直径相同，充分发展段的 Nu 数也不一样。所以严格来讲，式（3-12）和式（3-13）只适用于圆管，但至今还未发现适用于非圆管入口段层流平均传热系数 h 的计算式，遇到此类对流传热计算，只能近似地采用式（3-12）和式（3-13）计算。

【例 3-2】　流量为 120kg/h 的机油在内径为 13mm 的管内流动，并从 100℃ 冷却到 60℃。管子内壁温度为 20℃。试计算所需管长 L 和对流换热系数 h。

解：①查物性值

流体温度　　　　　　　$t_f = 0.5(t_f' + t_f'') = 0.5 \times (100℃ + 60℃) = 80℃$

机油的物性值为

$\rho_f = 852.02\,\text{kg/m}^3$，$\lambda_f = 0.138\,\text{W/(m·K)}$，$c_{pf} = 2131\,\text{J/(kg·K)}$，$Pr_f = 490$，

$\nu_f = 37.5 \times 10^{-6}\,\text{m}^2/\text{s}$，$\eta_f = 0.03195\,\text{Pa·s}$

② 求雷诺准则 Re

流体流速　　　　　　　$v_f = \dfrac{q_m}{\dfrac{\pi}{4} d_i^2 \rho_f} = 0.295\,\text{m/s}$

雷诺数　　　　　　　　$Re = \dfrac{v_f d_i}{\nu_f} = 102.2 < 2200$

流动为层流。

③ 试算

假定 $Re_f Pr_f \dfrac{d_i}{l} > 10$。选用特征数关联式（3-12），即

$$Nu_f = 1.86\left(Re_f Pr_f \frac{d}{l}\right)^{1/3}\left(\frac{\eta_f}{\eta_w}\right)^{0.14}$$

代入已知数据整理得　　　$h = \dfrac{109}{l^{\frac{1}{3}}}\,\text{W/(m}^{7/3}\text{·K)}$ 　　　　　　　（3-14）

平均传热温差　　　　　　$\Delta t = t_f - t_w = \dfrac{t_f' - t_f''}{\ln \dfrac{t_f' - t_w}{t_f'' - t_w}} = 57.7℃$

由热平衡得 $\qquad h\pi d_i l(t_f - t_w) = q_m c_p(t'_f - t''_f)$

带入数据化简得 $\qquad hl = 1205.7\text{W}/(\text{m} \cdot \text{K})$ $\qquad\qquad$ (3-15)

联立式(3-14)和式(3-15)求解得 $\quad h = 36.8\text{W}/(\text{m}^2 \cdot \text{K})$, $l = 32.79\text{m}$

④ 校核

$$Re_f Pr_f \frac{d}{l} = 18.7 > 10$$

以上计算有效。

(3) 过渡区($2200 < Re_f < 10^4$)强迫对流传热

当 $Re_f > 2200$，由于来流的湍流程度和管道壁面粗糙程度的不同，可能继续为层流，也可能转变为湍流，还可能时而层流时而湍流，只有当 $Re_f > 10^4$ 后才肯定为湍流流动。$2200 < Re_f < 10^4$ 时流动处于从层流向湍流过渡的区域。

在这个区域内，平均对流传热系数可采用豪森整理和推荐的以下关联式：

$$Nu_f = 0.116(Re_f^{2/3} - 125) Pr_f^{1/3}\left[1 + \left(\frac{d_e}{l}\right)^{2/3}\right]\left(\frac{\eta_f}{\eta_w}\right)^{0.14} \qquad (3-16)$$

式中，η_w 以壁温 t_w 为特征温度查取，其余物性值以 t_f 为特征温度查取；$\left(\dfrac{\eta_f}{\eta_w}\right)^{0.14}$ 用于考虑温度场对对流传热系数 h 的影响，而 $\left[1 + \left(\dfrac{d_e}{l}\right)^{2/3}\right]$ 用于考虑入口段长度对传热的影响。在 $2200 < Re_f < 6000$ 的范围内，式(3-16)对黏性油的计算值与实验值更接近。

工程中常要计算流体的出口温度 t''_f。由于流体出口温度 t''_f 未知，流体的平均温度 t_f 也未知，从而无法由 t_f 查取流体的物性值和求对流传热系数，就无法求出流体的出口温度 t''_f。在这种情况下，可用试算法求解。

【例3-3】 压力为 $2.02 \times 10^5 \text{Pa}$ 温度为 $200℃$（进口截面平均温度）的空气，以 10m/s 的流速流入内径 $d_i = 25.4\text{mm}$ 的管子被加热。壁面保持等热流，而壁面比空气温度高 $20℃$。若管长为 3m，求单位管长的热流量。

解：① 求空气的物性值

设空气的出口温度为 $240℃$，则空气的平均温度为

$$t_f = 0.5(t'_f + t''_f) = 0.5 \times (200℃ + 240℃) = 220℃$$

据此查得空气的物性值为

$\lambda_f = 0.0407\text{W}/(\text{m} \cdot \text{K})$, $\eta_f = 26.56 \times 10^{-6}\text{Pa} \cdot \text{s}$, $c_{pf} = 1031\text{J}/(\text{kg} \cdot \text{K})$, $Pr_f = 0.679$

密度由理想气体状态方程求得

$$\rho_f = \frac{p}{RT} = 1.428\text{kg/m}^3$$

② 判断流态

雷诺数 $Re_f = \dfrac{v_f d}{\nu_f} = 1.423 \times 10^4$，流动属于湍流。

③ 求对流传热系数

$$\frac{l}{d}=\frac{3m}{25.4mm}=118>50$$

所以 $c_1=1$, 又

$$t_w-t_f=20\text{℃}$$

$$c_t=\left[\frac{(220+273)\text{K}}{(220+20273)\text{K}}\right]^{0.55}\approx1$$

所以

$$h=0.023\frac{\lambda_f}{d_i}Re_f^{0.8}Pr_f^{0.4}=66.35\text{W}/(\text{m}^2\cdot\text{K})$$

④ 求单位管长的热流量

$$Q_1=h\pi d_i(t_w-t_f)=105.8\text{W/m}$$

⑤ 校核空气出口温度

$$由热平衡\ \Phi=Q_1l=\frac{\pi}{4}d_i^2v_f\rho c_p(t_f^{''}-t_f^{'})$$

解得出口温度为

$$t_f^{''}=t_f^{'}+\frac{Q_1l}{\frac{\pi}{4}d_i^2v_f\rho c_p}=240.8\text{℃}$$

与假设值240℃接近, 计算结果合理。即

$$Q_1=105.8\text{W/m}$$

注意:①本题采用计算法, 最后需进行校核。若计算结果与假设值相差过大需重新计算, 直到结果相近为止。

② 流体在管内流动时, 其物性值应是平均温度 t_f 下的物性值, 一般不能用入口温度去查物性值, 否则会造成较大的偏差。

③ 雷诺数中的流速 v_f 是平均温度下 t_f 的流速, 而题中给出的是入口处的流速, 本题流体为气体, 必须对流速进行温度修正。

④ 管内强迫对流传热计算在以下几种情况下一般也采用试算法:管长未知、管内壁温未知、流体流速未知、直径未知。

(4) 管内强迫对流传热的强化

工程上常需增强传热, 而提高管内强迫对流传热是增强传热的一种手段。为了简化问题, 这里只考虑对提高管内强迫对流传热系数有影响的相关措施。

管内强迫对流传热系数可以写成以下统一的形式:

$$h=c\frac{v^m}{d_e^n}c_tc_1c_R \tag{3-17}$$

下面从式(3-17)出发分析强化管内强迫对流传热的措施。

① 提高流速 v。

② 减小管子当量直径 d_e, 减小 d_e 的方法有:

a. 选用小管径管子做传热面。目前,工程上采用的管子(如锅炉水冷壁管和冷凝器管等)直径都比过去小。

b. 采用异形管,如采用椭圆管或扁圆管等。在湿周相同的情况下,由于流体流动截面积 A 减小,当量直径减小,从而使 h 增加。

c. 采用内肋管,一方面这可使流体流动截面减小,湿周增加,当量直径减小,h 增加;另一方面,由于管内对流传热面积增加,对流传热热阻将减小。

③ 采用弯管或螺旋管。弯管或螺旋管产生二次环流。二次环流能强化传热,螺旋板型换热器也有类似的作用。

④ 采用短管。短管入口效应可使 h 增加。

⑤ 选用系数 c 大的流体。系数 c 与流体物性有关。例如,冷却发电机线圈的介质由空气改为氢气,最后改为水,就是因为水的系数 c 最大,氢气次之,空气最小。

⑥ 人为扰动。边界层受到扰动后,热阻减小,对流传热强化。目前采用的办法有:加扰流元件或填充物、采用内螺纹管、使用粗糙壁面、使用超声波等。

3.2.2　外部强制对流传热

(1) 纵掠平壁

流体纵掠平壁时的层流强迫对流传热是最简单的对流传热,其理论研究比较成熟,实验结果也很准确,且两者符合得很好。布拉修斯(Blasius)通过相似变换将边界层动量微分方程简化为布拉修斯常微分方程的方法,并求得了边界层内的速度分布。波尔豪森(E. pohlhausen)利用上述速度分布并用类似的方法求解边界层能量微分方程,得出了计算局部对流传热系数 h_x 和平均对流传热系数 h 的特征数关联式:

$$Nu_{xm} = \frac{h_x x}{\lambda_m} = 0.332 \, Re_{xm}^{1/2} Pr_m^{1/3} \qquad (3\text{-}18)$$

$$Nu_m = \frac{h_x l}{\lambda_m} = 0.664 \, Re_{1m}^{1/2} Pr_m^{1/3} \qquad (3\text{-}19)$$

使用范围为 $0.6 < Pr_m < 50$、$Re_1 < 5 \times 10^5$,式中,特征温度取膜平均温度 $t_m = \frac{1}{2}(t_w + t_\infty)$,式(3-18)和式(3-19)的特征尺寸分别为 x 和板长 l。

对于流体纵掠平壁,从 $x=0$ 处就形成湍流边界层的情况(即整个平壁上都是湍流边界层),科尔伯恩(Colburn)利用热量传递和动量传递的普朗特比拟法,得出如下计算局部对流传热系数 h_x 和平均对流传热系数 h 的特征数关联式:

$$Nu_{xm} = \frac{h_x x}{\lambda_m} = 0.0296 \, Re_{xm}^{4/5} Pr_m^{1/3} \qquad (3\text{-}20)$$

$$Nu_m = \frac{hl}{\lambda_m} = 0.037 \, Re_{1m}^{4/5} Pr_m^{1/3} \qquad (3\text{-}21)$$

使用范围为 $0.6 < Pr_m < 60$,式中特征温度为 t_m,特征尺寸分别为 x 和板长 l。

工程上,流体纵掠平壁时的湍流边界层往往发生在平壁后部,前部仍为层流边界层,常称复合(或混合)边界层(图3-7)。此时,整个平壁表面的平均对流传热系数是以 x_c 为界

分两部分积分再求平均值，即

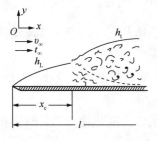

图 3-7 平壁表面的对流换热系数

$$h = \frac{1}{l}\left(\int_0^{x_c} h_{Lx}\mathrm{d}x + \int_{x_c}^l h_{tx}\mathrm{d}x\right) \qquad (3-22)$$

式中 h_{Lx}——层流边界层局部对流传热系数，可用式(3-18)计算，$\mathrm{W/(m^2 \cdot K)}$

h_{tx}——湍流边界层局部对流传热系数，可用式(3-20)计算，$\mathrm{W/(m^2 \cdot K)}$

将式(3-18)和式(3-20)代入式(3-22)，整理得复合边界层平均对流传热系数，即

$$h = \frac{\lambda_m}{l}Pr_m^{1/3}(0.664\,Re_{cm}^{0.5} + 0.037\,Re_{lm}^{0.8} - 0.037\,Re_{cm}^{0.8}) \qquad (3-23)$$

式中 Re_{cm}——临界雷诺数，$Re_{cm} = \dfrac{v_\infty x_c}{\nu_m}$。

一般情况下取 $Re_{cm} = 5 \times 10^5$，则式(3-23)简化为

$$Nu_m = 0.037(Re_{lm}^{0.8} - 23500)Pr_m^{1/3} \qquad (3-24)$$

式中，特征尺寸为板长 l，特征温度 t_m。

【例 3-4】 飞机以 800km/h 的速度在高空中飞行。如空气温度为 8.5℃，压力为 $p = 9 \times 10^4 \mathrm{Pa}$，风速为 10m/s，机翼弦长(沿气流方向的长度)为 $l = 1.5\mathrm{m}$，表面温度为 31.5℃，求飞机在顺风和逆风飞行时机翼表面的平均对流传热系数。

解：机翼曲率不大，可视为矩形平壁。

特征温度

$$t_m = \frac{1}{2}(t_w + t_\infty) = \frac{1}{2}(31.5℃ + 8.5℃) = 20℃$$

查附录得标准大气压($p_0 = 101325\mathrm{Pa}$)下空气物性值为

$\rho_m = 1.205\mathrm{kg/m^3}$，$\lambda_m = 0.0259\mathrm{W/(m \cdot K)}$，$\eta_m = 18.1 \times 10^{-6}\mathrm{Pa \cdot s}$，$Pr_m = 0.703$

则高空空气密度为

$$\rho_{mc} = \frac{p}{p_0}\rho_m = 1.071\mathrm{kg/m^3}$$

运动黏度

$$\nu_m = \frac{\eta_m}{\rho_{mc}} = 16.9 \times 10^{-6}\mathrm{m^2/s}$$

飞机飞行速度

$$v = 222.2\mathrm{m/s}$$

顺风时空气与飞机的相对速度

$$v_1 = v - 10 = 212.2\mathrm{m/s}$$

雷诺数 Re

$$Re_m = \frac{v_1 l}{\nu_m} = 1.887 \times 10^7 > 5 \times 10^5$$

选用式(3-22)计算，对流传热系数

$$\frac{hl}{\lambda_m} = 0.037(Re_{lm}^{0.8} - 23500)Pr_m^{1/3}$$

$$h = \frac{\lambda_m}{l} \times 0.037(Re_{lm}^{0.8} - 23500)Pr_m^{1/3} = 362W/(m^2 \cdot K)$$

逆风时空气与飞机的相对速度

$$v_1 = v + 10 = 232.2m/s$$

雷诺数 Re

$$Re_m = \frac{v_1 l}{\nu_m} = 2.061 \times 10^7 > 5 \times 10^5$$

选用式(3-22)计算，对流传热系数

$$\frac{hl}{\lambda_m} = 0.037(Re_{lm}^{0.8} - 23500)Pr_m^{1/3}$$

$$h = \frac{\lambda_m}{l} \times 0.037(Re_{lm}^{0.8} - 23500)Pr_m^{1/3} = 390W/(m^2 \cdot K)$$

逆风时的传热系数比顺风时大 7.7%。

注意：查气体物性值时要注意压力是否与附录中的压力相同。如果压力不同，则密度和运动黏度要进行压力修正，或由理想气体状态方程求得气体密度。

(2) 横掠单管(或柱)时的强迫对流传热

流体沿曲面流动与沿平壁流动不同。流体沿平壁流动时，壁面附近压力沿程不变，即 $\frac{dp}{dx} = 0$。流体沿图 3-8 所示的曲面流动时，前半部压力沿程减小 $\left(\frac{dp}{dx} < 0\right)$，后半部压力沿程回升 $\left(\frac{dp}{dx} > 0\right)$。这时主流速度也作相应的变化，前半部主流速度逐渐增加，后半部逐渐减小。在沿程压力增加的区域内，流体不能在压力的推动下向前运动，只能依靠本身动能克服压力的增长而向前运动。但靠近壁面处流体流速较小，动能小，不足以克服压力的增长而继续向前运动。当壁面某一点的速度变化率 $\left(\frac{\partial v}{\partial y}\right)_w$ 等于零时，其后壁面附近的流体产生脱离现象。$\left(\frac{\partial v}{\partial y}\right)_w = 0$ 的点称为分离点。分离点后 $\left(\frac{\partial v}{\partial y}\right)_w < 0$，流体产生涡旋。由图 3-9 可见，分离点的位置与 Re 有关。对于圆管 $Re < 1.4 \times 10^5$ 时边界层为层流，分离点在 $\varphi = 80° \sim 85°$；$Re \geq 1.4 \times 10^5$ 时边界层先变成湍流边界层，然后发生边界层分离。由于湍流边界层中流体动能大于层流，故湍流时分离点推后到 $\varphi \approx 140°$。Re 很小时不会出现分离现象。

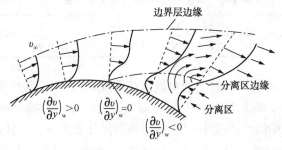

图 3-8　流体沿曲面流动时边界层的发展和分离

由图 3-9 可得，恒热流时横掠单管的局部怒塞尔数随角度和雷诺数变化。

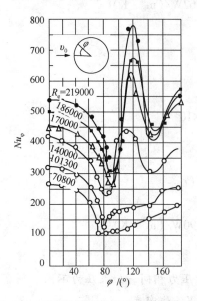

热力管道散热（有风时）计算所需要的是沿圆管周向的平均对流传热系数 h。以平均对流传热系数 h 计算的横掠单管时的对流传热特征数关联式为

$$Nu_m = \frac{h d_o}{\lambda_m} = c\, Re_m^n Pr_m^{1/3} = c \left(\frac{v_o d_o}{\nu_m}\right)^n Pr_m^{1/3} \quad (3-25)$$

式中　t_m——特征温度为膜平均温度；

　　　d_o——特征尺寸为圆管外径；

　　　v_o——特征流速为自由流速度。

在双对数坐标中，流体横掠单管时 Nu 与 Re 呈曲线关系，式(3-25)中的 c 和 n 随 Re 数的增加而改变。用分段线性拟合的方法，即将 Nu-Re 曲线分成几段，各段分别进行线性拟合，求出各区间的 c 和 n。各段系数 c 和 n 见表 3-1。

图 3-9　横掠单管时的局部对流传热系数

表 3-1　式(3-25)中参数

Re_m	c	n
0.4~4	0.989	0.330
4~40	0.911	0.385
40~4000	0.683	0.466
4000~40000	0.193	0.618
40000~400000	0.0266	0.805

流体斜掠圆管且流动方向与圆管轴线交角 φ 小于 90° 时，因为与流体横掠椭圆形管一样，涡旋区缩小，从而减小了圆管曲率对圆管后半部局部传热的强化作用。另外，斜掠圆管时圆管前半部受到的来流冲击作用也减弱。这样，整个圆管的平均对流传热系数变小，修正系数 c_φ 小于 1（表 3-2）。$\varphi = 0°$ 即流体纵掠单管，此时只要单管外直径比边界层厚度大得多（例如 $d_o > 10\delta$），则可忽略圆管曲率对对流传热的影响，而近似用流体纵掠平壁时的有关关联式计算对流传热系数。此时特征尺寸取管长 l。

表 3-2　斜掠修正系数 c_φ（流体与管轴夹角）

$\varphi/(°)$	15	30	45	60	70	80	90
c_φ	0.41	0.70	0.83	0.94	0.97	0.99	1.00

工程上有时并不关心整个圆管平均对流传热系数 h，却关心流体横掠圆管时沿周向局部的对流传热系数 h_φ。例如锅炉过热器中受到烟气的横向冲刷的第一排管。虽然这是烟气横向冲刷管束，但烟气冲刷第一排管排时与横掠单管无什么差异，尤其是 $\varphi = 0°$ 附近烟气的冲刷更可按流体横掠单管计算。过热器第一排管的 $\varphi = 0°$ 处，受到过热器前很大烟气空间的强烈辐射传热，又受到流体横掠时的对流传热，该处表面传热系数 h 较大，往往引起该处壁

温升高甚至超温，影响其安全，所以锅炉设计中过热器热计算时必须校核该处壁温，因面必须计算烟气横掠单管时 $\varphi=0°$ 处局部对流传热系数 $h_{\varphi=0°}$，计算方法如下：

$$Nu_{\varphi}=\frac{h_{\varphi}d_{o}}{\lambda_{m}}=1.14\left(\frac{v_{o}d_{o}}{\nu_{m}}\right)^{0.5}Pr_{m}^{0.4}\left(1-\frac{\varphi}{90°}\right) \tag{3-26}$$

式中 φ——从前驻点算起的角度，（°），范围为 $\varphi<80°$，$\varphi=0°$ 处为前驻点；

v_{o}——来流速度，m/s；

t_{m}——特征温度 $t_{m}=\frac{1}{2}(t_{w}+t_{\infty})$，℃；

d_{o}——管道外径，m。

【例3-5】 水式量热计为一外径 $d_{o}=15mm$ 的管子，用空气斜向吹过。空气速度 $v_{0}=2m/s$，与管子轴线的交角为60°。空气温度为20℃。稳定时量热计管子外壁温度 $t_{w}=80℃$，试计算管壁对空气的对流传热系数及单位管长的对流传热量。

解：空气膜的平均温度

$$t_{m}=\frac{1}{2}(t_{w}+t_{\infty})=\frac{1}{2}(80℃+20℃)=50℃$$

由此查附录得空气物性值为

$$\lambda_{m}=0.0283W/(m\cdot K)，\nu_{m}=17.95\times10^{-6}m^{2}/s，Pr_{m}=0.698$$

雷诺数

$$Re_{m}=\frac{v_{0}d_{o}}{\nu_{m}}=1671$$

对流传热系数，由表3-1得 $c=0.683$，$n=0.466$。由 $\varphi=60°$ 查表3-2得 $c_{\varphi}=0.94$。
则对流传热系数为

$$h_{m}=0.683\,Re_{m}^{0.466}Pr_{m}^{1/3}c_{\varphi}\frac{\lambda_{m}}{d_{o}}=34.1W/(m^{2}\cdot K)$$

单位管长的对流传热量

$$Q_{1}=\pi\,d_{o}h_{m}(t_{w}-t_{\infty})=96.4W/m$$

（3）横掠管束时的强迫对流传热

流体横掠管束时的对流传热与横掠单管时不同，除管径影响传热系数外，管距、管排数和排列方式也影响对流传热系数。由于相邻管子的影响，流体在管间的流动截面交替地增加和减小。流体在管间交替地加速和减速。管距的大小影响流体流动截面的变化程度和流体加速与减速的程度。

从第二排起，后排管子都处于前排管子的尾流中。在尾流涡旋的作用下，后排管子的对流传热系数 h 比前排高。第二排管子受第一排尾部涡流的影响，$h_{2}>h_{1}$；第三排管子受第二排尾部涡流影响，而且由于这种涡流经第一排和第二排管束的共同作用，扰动更强烈，所以，$h_{3}>h_{2}$。同理，$h_{4}>h_{3}\cdots$，但经过几排管子以后扰动基本稳定，h_{n} 几乎不再变化。

管束排列方式对 h 的影响比较明显。由图3-10可见，顺排时后排管子直接位于前排管子的尾流中，部分管面没有受到来流的直接冲刷，而叉排时后排管子受到前排管子间来流的直接冲刷，因而管子前半部的传热情况要比顺排好，整个叉排管束的平均对流传热系数比顺排时高。工程上大多数管束处于 Re 不大的情况下，符合上述情况。在 Re 较高时，由于顺排管束的尾部涡流增强，使后排管子受到尾流影响的面积增加，而且由于涡流增强，扰动更强烈，以致顺排管束的对流传热系数可超过又排管束。

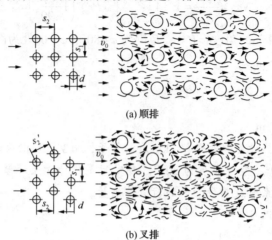

(a) 顺排

(b) 叉排

图 3-10　流体横掠管束的流动情况

流体横掠管束的平均对流传热系数可按下式计算：

$$Nu_f = c\, Re_{f,\max}^m\, Pr_f^n \left(\frac{Pr_f}{Pr_w}\right)^k \left(\frac{s_1}{s_2}\right)^p c_\varphi c_z \tag{3-27}$$

式中　　下角标 f——表示特征温度，即平均温度；

　　　　Pr——普朗特数，上式适用于 $0.7<Pr_f<500$；

　　　　s_1——横向节距，m；

　　　　s_2——纵向节距，m；

　　　　$Re_{f,\max}$——流体平均温度下管间最大流速计算的雷诺数，$Re_{f,\max}=\dfrac{v_{f,\max} d_o}{\nu_f}$，其中，$v_{f,\max}$ 为流体平均温度下管间最大流速，m/s；

　　　　d_o——管子外径，m；

　c，m，n，k，p——系数和指数，参见表 3-3；

　　　　c_z——管排修正系数，参见表 3-4；

　　　　c_φ——流体斜向冲刷管束修正系数，参见表 3-5。

表 3-3　式(3-27)中参数

排列方式	$Re_{f,\max}$	c	m	n	k	p	备注
顺排	1.6~100	0.90	0.40	0.36	0.25	0	
	100~1000	0.52	0.50	0.36	0.25	0	
	1000~2×10⁵	0.27	0.63	0.36	0.25	0	
	2×10⁵~2×10⁶	0.033	0.8	0.40	0.25	0	

排列方式	$Re_{f,max}$	c	m	n	k	p	备注
叉排	$1.6\sim40$	1.04	0.40	0.36	0.25	0	
	$40\sim1000$	0.71	0.50	0.36	0.25	0	$\dfrac{s_1}{s_2}\leqslant2$
	$1000\sim2\times10^5$	0.35	0.60	0.36	0.25	0.2	
	$1000\sim2\times10^5$	0.40	0.60	0.36	0.25	0	$\dfrac{s_1}{s_2}>2$
	$2\times10^5\sim2\times10^6$	0.031	0.8	0.40	0.25	0.2	

表 3-4 管束管排修正系数 c_z($z>20$ 时, $c_z=1$)

排数 z c_z	1	2	3	4	5	6	8	12	16	20
顺排	0.69	0.80	0.86	0.90	0.93	0.95	0.96	0.98	0.99	1.00
叉排	0.62	0.76	0.84	0.88	0.92	0.95	0.96	0.98	0.99	1.00

表 3-5 斜向冲刷管束修正系数 c_φ

$\varphi/(°)$ c_φ	15	30	45	60	70	80~90
顺排	0.41	0.70	0.83	0.94	0.97	1.00
叉排	0.41	0.53	0.78	0.94	0.97	1.00

$v_{f,max}$ 的计算比较复杂,如已知未进入管束时的流体速度,则在流体入口温度下的最大流速为

顺排时
$$v'_{max}=\frac{v_0 s_1}{s_1-d_o}$$

叉排时
$$v'_{max}=\max\left\{\frac{v_0 s_1}{s_1-d_o},\ \frac{v_0 s_1}{2(s'_2-d_o)}\right\}$$

对于气体,还要修正为 t_f 下的最大流速:
$$v_{f,max}=v'_{max}\frac{T_f}{T'_f}$$

式中 T_f, T'_f——气体平均温度和入口温度,K。

注意,当流体在管间沿着管束纵掠时,需用管内强迫对流传热计算式计算,特征尺寸用当量直径,而不能用式(3-27)计算。

为了强化流体横掠管束时的对流传热,有时在管外加各种形状的肋片,且管子外形也不一定是圆形,例如可以是扁圆形、椭圆形等。显然,流体横掠带肋管束(管子可为各种形状)对流传热系数的计算,要比流体横掠圆管管束对流传热系数的计算复杂得多,无法用统一的特征数关联式描述,而只能对某一特定管束通过实验得出其对流传热系数 h 和阻力系数 c_f 的实验关联式,具体算法本节不做详述。

实验发现当通道尺寸很小（1～100μm）时，流体在通道中虽为层流，但其对流传热热流密度却比一般管内强迫对流传热大1～2个数量级。例如用水作冷却介质，槽宽5μm的微通道中对流传热热流密度可达$8×10^6 W/m^2$。微通道内对流传热的机理和规律与本书所述的一般性的对流传热不同，由微通道构成的换热器单位体积的传热面积可达$5000 m^2/m^3$以上，远远超过工程上流行较广的紧凑式换热器（$700 m^2/m^3$以上）。微通道传热目前用于集成电路、生物细胞反应器、飞机和宇宙飞行器的冷却，低温冷却器（液氖、液氦），高温超导冷却，强激光镜的冷却及斯特林发动机的冷却等。

高速气流的对流传热另有特点，其内容已超出本教材范围，感兴趣的读者可参阅相关文献。

3.2.3　大空间自然对流

前面介绍的都是在水泵、风机和其他压差准动声流体的强迫对流传热。工程上还经常发生流体在浮升力作用下的对流传热，如热力管道和设备在无风情况下与周围空气的对流传热，天花板空气夹层和太阳能集热器空气夹层中的对流传热等。这种对流传热称为自然对流传热。自然对流传热分为大空间自然对流传热和有限空间自然对流传热。传热面上边界层的形成和发展不受周围物体的干扰时的自然对流传热称为大空间自然对流传热，否则称为有限空间自然对流传热。大空间和有限空间是相对而言的，有时单纯从几何形状大小来看是有限空间，但有限空间并不干扰边界层的形成和发展时仍称为大空间，其自然对流传热仍称为大空间自然对流传热。

简单的大空间自然对流传热（如竖壁层流自然对流传热），可以通过求解边界层对流传热微分方程组得到理论解，但大多数情况下还是靠实验研究得出特征数关联式。下面介绍自然对流传热系数的常用特征数关联式。

（1）恒壁温

表面处于自然对流散热的薄壁在用蒸汽凝结加热时，其散热表面温度近似相等，属于恒壁温自然对流传热。大空间恒壁温自然对流传热系数可整理成下列形式的特征数关联式：

$$Nu_m = c\,(GrPr)_m^n \tag{3-28}$$

式中　Gr——格拉晓夫数，$Gr = \dfrac{g a_v \Delta t\, l_c^3}{\nu^2}$；

　　　a_v——气体的体积膨胀系数，对于理想气体 $a_v = \dfrac{1}{T_m}$，K^{-1}；

　　　Δt——对流传热温差，K；

　　　l_c——特征尺寸，m；

　　　ν——运动黏度，m^2/s；

　　　c，n——由实验确定的系数和指数，参见表6-6。

表 3-6　式(3-28)中的 c 和 n

加热表面的形状及位置	图示	系数 c 和指数 n			特征尺寸 l_c	$(GrPr)_m$ 范围
		流态	c	n		
竖平壁及竖圆柱		层流	0.59	$\frac{1}{4}$	高度 H	$10^4 \sim 10^9$
		湍流	0.10	$\frac{1}{3}$		$10^9 \sim 10^{13}$
横圆柱		层流	0.48	$\frac{1}{4}$	外径 d	$10^4 \sim 1.5 \times 10^8$
		湍流	0.10	$\frac{1}{3}$		$>1.5 \times 10^8$
水平板，热面朝上或冷面朝下		层流	0.54	$\frac{1}{4}$	正方形取边长，长方形取两边边长平均值；圆盘取 $0.9d$；狭长条取短边长	$2 \times 10^4 \sim 5 \times 10^6$
		湍流	0.15	$\frac{1}{3}$		$5 \times 10^6 \sim 1 \times 10^{11}$
水平板，热面朝下或冷面朝上		层流	0.27	$\frac{1}{4}$		$3 \times 10^5 \sim 3 \times 10^{10}$

对于竖圆柱表面，当边界层厚度远小于圆柱直径时可按竖平壁处理。根据实验，当

$$\frac{d}{H} \geqslant \frac{35}{Gr_H^{1/4}} \tag{3-29}$$

时竖圆柱按竖平壁处理的误差小于5%。对于 d/H 较小的圆柱面，其外表面自然对流边界层厚度可与直径相比，其曲率的影响不能忽略。这时按式(3-28)计算的竖壁自然对流传热系数 h。必须用图 3-11 的 C_{cy} 进行修正。即

$$h_{cy} = C_{cy} h_p \tag{3-30}$$

将表 3-6 的系数和指数代入式(3-28)时发现，湍流自然对流传热系数 h 与特征尺寸 l_c 无关。这种现象称为自模化。这对指导实验有很大意义，只要实验中保持湍流自然对流传热，实验模型的尺寸可小一些，这样并不影响特征数实验关联式的准确性。

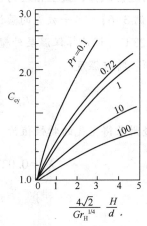

图 3-11　竖直圆柱面的修正系数 C_{cy}

（2）恒热流密度

工程上有时遇到物体表面热流密度为常数的自然对流传热，例如电气和电子元器件自然冷却等。由于壁面温度t_w未知且不均匀，用以上恒壁温计算式计算很不方便。这时，由于表面热流密度q常常已知，所以可用含q的Gr^*代替含Δt的Gr：

$$Gr^* = Gr \cdot Pr = \frac{ga_V \Delta t l_c^3}{\nu^2} \cdot \frac{hl_c}{\lambda} = \frac{ga_V(h\Delta t) l_c^4}{\lambda \nu^2} = \frac{ga_V q l_c^4}{\lambda \nu^2} \qquad (3-31)$$

电气和电子元器件自然对流冷却时，常要校核其壁温是否在允许范围内，即其最高壁温是否超过允许温度，以保证元器件的安全，所以恒热流密度自然对流传热时最有价值的数据往往是局部对流传热系数，而不是整个传热面的平均对流传热系数。竖壁和倾斜表面恒热流自然对流传热系数的特征数关联式：

层流$[(Gr^*\Delta Pr)_m = 10^5 \sim 10^{11}]$

$$Nu_x = \frac{h_x x}{\lambda} = 0.60 (Gr^*\Delta Pr)_m^{1/5} \qquad (3-32)$$

湍流$[2\times10^{13} < (Gr^*\Delta Pr)_m < 10^{16}]$

$$Nu_x = \frac{h_x x}{\lambda} = 0.17 (Gr^*\Delta Pr)_m^{1/4} \qquad (3-33)$$

式中，特征温度为x处局部膜平均温度$t_{mx} = \frac{1}{2}(t_{wx} + t_\infty)$。对于倾斜表面，用$g\cos\theta$代替$g$，$\theta$为倾斜壁与重力加速度$g$间的夹角。

对于竖壁层流自然对流传热，竖壁上端h_x最小，壁温t_{wx}最高；对于竖壁下部是层流而上部是湍流的自然对流传热，层流向湍流过度处或湍流段的上端h_x最小，t_{wx}最高，传热计算时需分别对上述两处壁温进行校核。校核时，热流密度q已知，但由于壁温t_{wx}未知，t_{mx}未知，物性值未知，仍必须用试算法求解。可假设该处壁温t_{wx}，计算局部膜平均温度并查物性值，由式(3-32)或式(3-33)计算h_x，再由$t_{wx} = t_\infty + \frac{q}{h_x}$计算$t_{wx}$，并与假设值比较。如相差较大再进行试算，直至相近为止。

【例3-6】 水平放置的蒸汽管道，保温层外径$d_o = 383\mathrm{mm}$，壁温$t_w = 48\,^\circ\mathrm{C}$，周围空气温度$t_\infty = 23\,^\circ\mathrm{C}$。试计算保温层外壁的对流散热量。

解：特征温度

$$t_m = \frac{1}{2}(t_w + t_\infty) = \frac{1}{2}(48\,^\circ\mathrm{C} + 23\,^\circ\mathrm{C}) = 35.5\,^\circ\mathrm{C}$$

查附录得空气的物性值为

$$\lambda_m = 0.0272\mathrm{W/(m \cdot K)}, \quad \alpha_V = \frac{1}{T_m} = 3.24\times10^{-3}\mathrm{K}^{-1},$$

$$\nu_m = 16.53\times10^{-6}\mathrm{m^2/s}, \quad Pr_m = 0.7$$

$$(GrPr)_m = \frac{ga_V \Delta t\, l_o^3}{\nu_m^2} Pr_m = 3.53\mathrm{W/(m^2 \cdot K)}$$

单位管长的对流散热量

$$Q_1 = h\pi d_o (t_w - t_\infty) = 106 \text{W/m}$$

3.2.4 有限空间内自然对流

有限空间自然对流传热是壁面上边界层的发展受到限制时的自然对流传热。传热时，高温壁将热量传给有限空间的流体，流体再将热量传给低温壁。以竖直空气夹层为例，竖直空气夹层的高温壁温度为 t_1，低温壁温度为 t_2。夹层中，高温壁处的空气被加热，沿壁面上升，从壁向下端开始形成自然对流边界层，并自下而上沿壁面逐渐增厚。由于低温壁面温度 t_2 低于空气温度，在低温壁处空气被冷却而下降，从而在低温壁处产生类似的边界层。由于夹层厚度 δ 远小于夹层高度 H，两个边界层在形成和发展的过程中会相互干扰，使其进一步的发展受到限制。这种有限空间的自然对流传热计算与大空间自然对流传热不同。夹层中，空气既以导热方式将高温壁的热量传递给低温壁，又以对流传热方式将高温壁的热量传递给低温壁。

竖直夹层自然对流传热的特征关联式可写成以下形式：

$$Nu_m = \frac{\lambda_e}{\lambda} = c\ (Gr_\delta Pr)_m^n \left(\frac{\delta}{H}\right)^k \tag{3-34}$$

式中　λ_e——等效热导率（或表观热导率），是考虑夹层流体导热和对流传热综合影响的折算热导率，W/(m·K)；

　　　δ——竖直空气夹层厚度，m；

　　Gr_δ——以夹层厚度 δ 为特征尺寸的格拉晓夫数，$Gr_\delta = \dfrac{ga_V(h\Delta t)\delta^3}{\nu^2}$；

　　　Δt——温差，$\Delta t = t_1 - t_2$，℃。

对于竖直空气夹层，特征数实验关联式如下：

$Gr_\delta Pr < 2000$ 时

$$Nu = 1 \tag{3-35(a)}$$

$Gr_\delta Pr = 6000 \sim 2\times10^5$ 时

$$Nu = 0.197\ (Gr_\delta Pr)_m^{1/4} \left(\frac{\delta}{H}\right)^{1/9} \tag{3-35(b)}$$

$Gr_\delta Pr = 2\times10^5 \sim 1.1\times10^7$ 时

$$Nu = 0.073\ (Gr_\delta Pr)_m^{1/3} \left(\frac{\delta}{H}\right)^{1/9} \tag{3-35(c)}$$

以上各式的适用范围为 $Pr = 0.5 \sim 2$，$\dfrac{H}{\delta} = 11 \sim 42$。

相关关联式汇总见表 3-7。

表3-7 单相流体强迫对流传热特征数实验关联式

流动状态		特征数关联式	特征尺寸	特征温度	特征流速	适用范围
纵掠平壁	层流	$Nu_m = \dfrac{h_x l}{\lambda_m} = 0.664\, Re_{lm}^{1/2}\, Pr_m^{1/3}$	l	t_m	v_∞	$0.6 < Pr_m < 50$，$Re_l < 5\times10^5$
	层流+湍流	$Nu_m = 0.037\,(Re_{lm}^{0.8} - 23500)\, Pr_m^{1/3}$	l	t_m	v_∞	$Re_l > 5\times10^5$
管内强迫对流	层流	$Nu_f = 1.86 \left(Re_f Pr_f \dfrac{d}{l}\right)^{1/3}\left(\dfrac{\eta_f}{\eta_w}\right)^{0.14}$	d_i	t_f	v_f	$Re < 2200$，$\dfrac{\eta_f}{\eta_w} = 0.044 \sim 9.8$，$Re_f Pr_f \dfrac{d}{l} > 10$
		$Nu_f = 3.66 + \dfrac{0.0668\, Re_f Pr_f \dfrac{d}{l}}{1 + 0.04\left(Re_f Pr_f \dfrac{d}{l}\right)^{2/3}}$	d	t_f	v_f	$Re < 2200$，$Re_f Pr_f \dfrac{d}{l} < 10$
		$Nu_f = 0.15\, Re^{0.32}\, Pr^{0.33}\, (GrPr)^{0.1}\, c_l$	d_i	t_f	v_f	$Re < 2200$ $\begin{array}{c\|ccccc} d/l & 10 & 15 & 20 & 30 & 50 \\ \hline c_l & 1.28 & 1.18 & 1.13 & 1.05 & 1 \end{array}$
	过渡区	$Nu_f = 0.116\,(Re_f^{2/3} - 125)\, Pr_f^{1/3}\left[1 + \left(\dfrac{d_e}{l}\right)^{2/3}\right]\left(\dfrac{\eta_f}{\eta_w}\right)^{0.14}$	d_i	t_f	v_f	$2200 < Re_f < 10^4$
		$Nu_f = 0.0214\,(Re_f^{0.8} - 100)\, Pr_f^{0.4}\left[1 + \left(\dfrac{d_e}{l}\right)^{2/3}\right]\left(\dfrac{T_f}{T_w}\right)^{0.45}$	d_i	t_f	v_f	气体，$2200 < Re_f < 10^4$，$Pr = 0.6 \sim 1.5$，$\left(\dfrac{T_f}{T_w}\right) = 0.5 \sim 1.5$
		$Nu_f = 0.012\,(Re_f^{0.87} - 280)\, Pr_f^{1/3}\left[1 + \left(\dfrac{d_e}{l}\right)^{2/3}\right]\left(\dfrac{Pr_f}{Pr_w}\right)^{0.11}$	d_i	t_f	v_f	液体，$2200 < Re_f < 10^4$，$Pr = 1.5 \sim 500$，$\left(\dfrac{Pr_f}{Pr_w}\right) = 0.05 \sim 2.0$
	湍流	$Nu_f = 0.023\, Re_f^{0.8}\, Pr_f^n\, c_l\, c_R$，$n = \begin{cases} 0.4 & 流体加热 \\ 0.3 & 流体冷却 \end{cases}$	d_i	t_f	v_f	$Re_f \geq 1\times10^4 \sim 1.2\times10^5$，$0.7 \leq Pr_f \leq 120$，$l/d \geq 60$，$\Delta t$ 不大
		$Nu_f = 0.023\, Re_f^{0.8}\, Pr_f^{0.4}\, c_l\, c_R$	d_i	t_f	v_f	$10^4 < Re_f \leq 1.2\times10^5$，$0.7 \leq Pr \leq 120$
		$Nu_f = 0.027\, Re_f^{0.8}\, Pr_f^{1/3}\left(\dfrac{\eta_f}{\eta_w}\right)^{0.14}$	d_i	t_f	v_f	$Re \geq 1\times10^4$，$0.7 \leq Pr \leq 16700$，$l/d \geq 60$
横掠单管		$Nu_m = \dfrac{h d_o}{\lambda_m} = c\, Re_m^n\, Pr_m^{1/3}$	d_o	t_m	v_o	段系数 c 和 n 见表 3-1
横掠管束		$Nu_f = c\, Re_{f,\max}^m\, Pr_f^n\left(\dfrac{Pr_f}{Pr_w}\right)^k\left(\dfrac{s_1}{s_2}\right)^p c_\varphi c_z$	d_o	t_f	$v_{f,\max}$	相关参数见表 3-3～表 3-5

3.3 相变对流传热及计算

上一节介绍的对流传热是流体无相变(单相)时的对流传热,工程上还常发生流体有相变时的对流传热。前者通过流体显热传递热量,后者主要通过流体相变焓传递热量。在发生有相变的对流传热时,流体温度不变,传热温差相对不大,但对流传热系数相对较高。蒸汽在固体壁面上的凝结传热和液体在固体壁上的沸腾传热是工程上常见的两种有相变的对流传热现象。例如水在锅炉中变成水蒸气;蒸汽轮机排出的水蒸气在冷凝器中变成凝结水;制冷剂在冰箱内蒸发为气体,经压缩冷却后又变成液体;部分小型高速柴油机采用沸腾方式冷却等均是有相变的对流传热。本节只讨论固体壁面上的凝结传热和沸腾传热。

凝结传热和沸腾传热时流体在传热面上流动,所以它们属于对流传热现象,其传热热流量仍按牛顿冷却公式计算。

显然,凝结传热和沸腾传热计算的关键是求对流传热系数,本节主要分析水蒸气凝结和水沸腾的现象,介绍层流膜状凝结和大容器饱和水沸腾传热系数 h 的计算,凝结和沸腾传热的影响因素及强化措施。

3.3.1 凝结

当蒸汽与低于其相应压力下的饱和温度的壁面接触时,将发生凝结过程。凝结时蒸汽释放出相变焓并传给固体壁,凝结后的液体附着在固体壁上。由于凝结液润湿壁面的能力不同,蒸汽凝结可形成膜状凝结和珠状凝结。当液体能润湿壁面时,凝结液和壁面的润湿角(液体与壁面交界处的切面经液体到壁面的交角) $\theta<90°$,凝结液在壁面上形成一层完整的液膜,这种凝结称为膜状凝结[图 3-12(a)]。当凝结液不能润湿壁面($\theta>90°$)时,凝结液在壁面上形成许多液滴,而不形成连续的液膜,这种凝结称为珠状凝结[图 3-12(b)]。

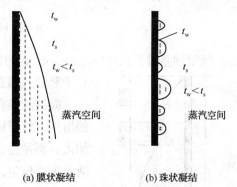

(a) 膜状凝结　　(b) 珠状凝结

图 3-12　膜状凝结和珠状凝结

膜状凝结时由于壁面上被一薄层液膜覆盖,把蒸汽和壁面隔开,蒸汽凝结只能在液膜表面进行,热量必须通过液膜传给固体壁,液膜成为凝结的主要热阻。珠状凝结时蒸汽可以与壁面直接接触,部分蒸汽在小液珠表面凝结,使液珠变大。部分蒸汽在固体壁面上凝结成小液珠,大的液珠在重力的作用下,向下滚动,并吞沿途液珠,所以珠状凝结时热阻比膜状凝结时小得多。实验测量表明,珠状凝结传热系数为同样情况下膜状凝结传热系数的 5~10倍。例如,大气压下水蒸气珠状凝结时传热系数为 $4×10^4 ~ 1×10^5 \text{W/(m}^2 \cdot \text{K)}$,而膜状凝结时传热系数为 $6×10^3 ~ 1×10^4 \text{W/(m}^2 \cdot \text{K)}$。

由于珠状凝结传热系数较高,工程上人们力图用珠状凝结来代替膜状凝结,使传热强化。但目前尚未用于工程实践,所以工程计算都按膜状凝结计算。

（1）竖壁膜状凝结传热

蒸汽在竖壁上凝结时，凝结液在重力作用下向下流动。蒸汽在竖壁上不断凝结，因此自竖壁顶部向下，液膜厚度 δ 和凝结液质量流 q_m 不断增加。由于蒸汽凝结的复杂性，凝结液膜中的温度分布和速度分布比较复杂，从理论上进行分析比较困难。努塞尔从蒸汽凝结的主要热阻是凝结液膜的导热热阻的观点出发，提出了一系列假设条件，使物理模型得到简化，从而求出竖壁层流膜状凝结传热的理论解，即竖壁层流膜状凝结的平均传热系数为

$$h = 0.943 \left[\frac{gr\rho_1^2 \lambda_1^3}{\eta_1 H(t_s - t_w)} \right]^{1/4} \tag{3-36}$$

式中　g——重力加速度，m/s^2；

　　r——相变焓，由饱和温度 t_s 查取，J/kg；

　　H——竖壁高度，m；

　　t_s——蒸汽相应压力下的饱和温度，℃；

　　t_w——壁面温度，℃；

　　ρ_1——凝结液密度，kg/m^3；

　　λ_1——凝结液导热率，$W/(m \cdot K)$；

　　η_1——凝结液动力黏度，$Pa \cdot s$。

凝结液的物性值用液膜平均温度 t_m 查取，$t_m = \frac{1}{2}(t_s + t_w)$。

实验表明，由于液膜表面波动，凝结传热得到强化，实验值比式（3-36）计算的理论值高20%。对式（3-36）进行修正

$$h = 1.13 \left[\frac{gr\rho_1^2 \lambda_1^3}{\eta_1 H(t_s - t_w)} \right]^{1/4} \tag{3-37}$$

竖壁倾斜时，只要用 $g_\varphi = g\sin\varphi$（φ 为斜壁与水平面的夹角）代替上式中的 g 即可求其 h。

对于竖管，当直径远大于凝结液膜厚度时可使用式（3-37）计算 h。

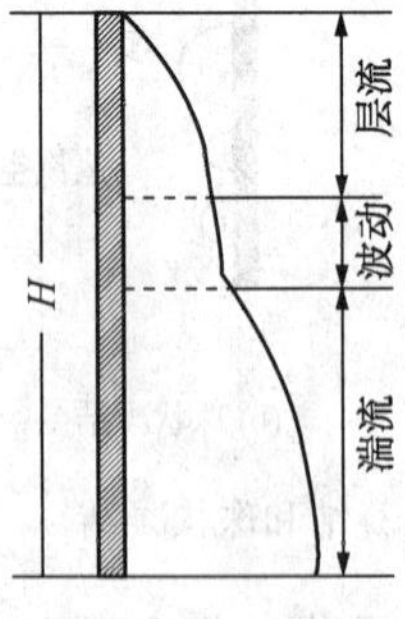

图 3-13　液膜由层流转变为湍流

凝结液膜在竖壁上的流动情况示于图3-13随着与壁顶距离的增加，液膜横断面凝结液流量增加，流速增加，液膜的惯性力加大，而黏性力的作用相对减小。当凝结液流量大到一定程度后，液膜失去稳定，由层流转变为湍流。与强迫流动类似，液膜的流动状态可以用雷诺数 Re 判断。由 Re 的定义并结合凝结的有关参数，有

$$Re = \frac{\rho_1 \upsilon d_e}{\eta_1} = \frac{\rho_1 \upsilon}{\eta_1} \cdot \frac{4A_1}{P} = \frac{4q_m}{\eta_1 P} \tag{3-38}$$

式中　υ——液膜横截面上的平均流速，m/s；

　　d_e——液膜的当量直径，$d_e = \frac{4A_1}{P}$，m；

　　A_1——液膜流动截面积，m^2；

　　P——液膜润湿周界，对于竖平壁 $P = b$（壁宽），对于竖管壁 $P = \pi d$（d 为圆管直径）；

　　q_m——液膜流动界面的质量流量，kg/s；

η_1——凝结液动力黏度，Pa·s。

考虑 $q_m = \dfrac{\Phi}{r} = \dfrac{hA(t_s - t_w)}{r}$ 和 $A = Hb$、$P = b$，则

$$Re = \frac{4hA(t_s - t_w)}{r\eta_1 P} = \frac{4hH\Delta t}{r\eta_1} = \frac{4qH}{r\eta_1} \tag{3-39}$$

液膜由层流转变为端流的临界雷诺数 $Re = 1600$。当 $Re > 1600$ 时，液膜上部为层流，下部为湍流，整个竖壁的平均传热系数另有计算式。

在用式(3-36)和式(3-37)计算竖壁膜状凝结传热时，最后要校核一下 Re 数是否小于1600，小于1600时计算结果才有效。

（2）水平圆管外的膜状凝结

蒸汽在水平圆管外膜状凝结时，凝结液膜一般为层流（直径 d 不大），其平均凝结传热系数为

$$h = 0.728 \left[\frac{gr\rho_1^2 \lambda_1^3}{\eta_1 d_o (t_s - t_w)} \right]^{1/4} \tag{3-40}$$

式中 d_o——圆管外径，其他符号同式(3-34)。

水平圆管外膜状凝结的传热系数 h 与竖壁 h 的计算式形式一样，只是要将竖壁高度 H 改为圆管外径 d_o，系数1.13改为0.728。由于工程上所采用的管子长度 H 远大于管子外径 d_o，所以冷凝器管子一般水平放置，在其他条件相同时这样可得到较大的凝结传热系数。例如，$\dfrac{H}{d_o} = 100$ 时，管子横放时的传热系数 h 约为竖放时的2倍。

工程上，冷凝器大多数由管束组成。假如在竖直方向上平均管排数为 n_m，各排管壁温度 t_w 相同，且上排管流下的凝结液平稳地流在下排管上，一般用 $n_m d_o$ 代替式(3-40)的 d_o，即水平管束外凝结时整个管束的凝结平均传热系数为

$$h = 0.728 \left[\frac{gr\rho_1^2 \lambda_1^3}{\eta_1 n_m d_o (t_s - t_w)} \right]^{1/4} \tag{3-41}$$

由于液滴下落引起液膜波动和飞溅，使实际凝结传热系数 h 比式(3-41)计算值大。显然，采用式(3-41)来计算偏于保守，但目前还未研究出更合适的计算式。

（3）水平管内的膜状凝结

在空调和制冷系统中，制冷剂蒸气在管内凝结，一般要涉及水平或竖直管内蒸汽凝结。这种凝结很复杂，并受到管内蒸汽流速的影响，对于制冷剂氟利昂，在流速不大和热负荷较低时蒸汽入口雷诺数为

$$Re_v' = \frac{\bar{v}d_i}{\nu_v'} < 35000$$

其水平管内的平均凝结传热系数为

$$h = 0.555 \left[\frac{g(\rho_1 - \rho_v)^2 \lambda_1^3 r'}{\eta_1 d_i (t_s - t_w)} \right]^{1/4} \tag{3-42}$$

式中，$r' = r + \dfrac{3}{8} c_p (t_s - t_w)$，$r$ 为相变焓。下标 1 和 v 分别表示凝结液和蒸汽的物理量。

氟利昂会破坏臭氧层，现在变频空调制冷已改成环保的混合制冷剂。

（4）影响凝结传热的其他因素

由以上分析可知，流体种类，传热面的形状、尺寸和放置情况，传热温差等因素都会影响膜状凝结传热系数。还有些影响因素在以上计算式中尚未考虑，现针对水蒸气凝结，对几种比较重要的影响因素讨论如下。

① 不凝结气体

上述计算式适用于纯净的蒸汽凝结传热。在工程上使用的水蒸气中常混有不凝结气体（如空气等）。这种水蒸气凝结时，不凝结气体聚积在凝液表面，水蒸气要通过这层气体才能到达液膜表面凝结，使凝结过程增加了一个热阻——气相热阻R_g。这时凝结传热热阻R_c不仅包括液膜热阻R_l，还包括气相热阻R_g，使凝结热阻R_c大大增加，凝结传热系数大大减小。实践证明，纯净水蒸气中的容积含气率增加1%，凝结传热系数将下降60%～70%，而且随着压力的降低情况更加严重。所以，电厂冷凝器都装有抽气器，以便及时将冷凝器中的空气排除，防止空气聚积而降低冷凝器的凝结传热系数。冰箱和空调机灌装制冷剂前都要将系统中空气抽出，也是这个道理。

② 水蒸气流速

上述公式只能计算静止水蒸气凝结的传热系数，而没有考虑水蒸气流速对凝结传热系数的影响。事实上，当蒸汽流速大于10m/s且向下流动（和液膜流动方向一致）时，由于水蒸气的吹动和冲击，传热面上的凝结液膜将变薄，而液膜导热热阻减小。同时，由于水蒸气的驱赶作用，液膜表面的不凝结气体被吹散，气相热阻也减小。这样，水蒸气凝结过程的总热阻减小，凝结传热系数增加。水蒸气向上流动（和液膜流动方向相反）且流速不大时，凝结液膜变厚，凝结传热系数反而减小，但当流速大到能吹散液膜时凝结传热系数将增加。

③ 传热面

传热面的形状、表面粗糙程度、管束排列情况等都影响凝结传热系数。能及时排除凝液而使传热面上凝液厚度减小的因素，都能使凝结传热系数h增加，反之则使h降低。

④ 蒸汽过热度的影响

式（3-36）～式（3-42）都只适用于饱和蒸汽凝结传热，如蒸汽是过热蒸汽，凝结时不仅放出相变焓，还放出蒸汽冷却到饱和温度的热量。这时，以上各式中的r用r'代替，即

$$r' = r + c_s(t_v - t_s) \tag{3-43}$$

式中　c_s——过热蒸汽的比热容，J/(kg·K)；

　　　t_v——过热蒸汽的温度，℃。

分析表明，对于水蒸气过热度影响不大。例如，大气压下水蒸气过热度为46℃时仅使h增加1%，而过热度大于243℃才能使h增加5%。一般蒸汽冷凝器中的蒸汽过热度不大。热力计算时可以忽略它的影响。

⑤ 冷凝液过冷度的影响

以上计算也未考虑凝结液由于过冷（液膜平均温度低丁相应压力下饱和温度）放出的热量。罗森诺研究了过冷度Δt及液膜中温度呈非线性分布对凝结传热系数的影响后发现，只要用$(r + 0.68 c_p \Delta t)$代替以上式中的r即可。

【例3-7】 压力为1.013×10^5Pa的饱和水蒸气在长1.5m的竖管外壁凝结，管壁平均温

度为 60℃。求凝结传热系数和使凝结水量不少于 36kg/h 的竖管外径。

解：由题意 $1.013×10^5Pa$ 查得饱和水蒸气温度 $t_s=100℃$，相变焓 $r=2257.1kJ/kg$。

设本题为层流膜状凝结，特征温度为

$$t_m=\frac{1}{2}(t_s+t_w)=\frac{1}{2}(100℃+60℃)=80℃$$

据此查得水的物性值为

$$\rho_1=971.8kg/m^3，\lambda_1=0.674W/(m·K)，\eta_1=355.1×10^{-6}Pa·s$$

由于管子较长，需要考虑液膜表面波动的影响，采用式(3-37)计算。凝结传热系数为

$$h=1.13\left[\frac{gr\rho_1^2\lambda_1^3}{\eta_1H(t_s-t_w)}\right]^{1/4}=4705W/(m^2·K)$$

计算凝结水量不少于 36kg/h 时的竖管外径，由热平衡知凝结换热量等于凝结水蒸气放出的相变焓，即

$$h\pi d_oH(t_s-t_w)=q_mr$$

可得圆管外径

$$d_o=\frac{q_mr}{h\pi H(t_s-t_w)}=0.0255m=25.5mm$$

校核层流膜状凝结假设是否成立

$$Re=\frac{4hH\Delta t}{r\eta_1}=1409<1600$$

流动属于层流，以上假设成立，计算有效。

注意：若 $Re>1600$，流动为湍流，需重新计算。

（5）凝结传热的强化

工程常用蒸汽冷凝过程中，部分有机蒸气的凝结传热系数较低只有水蒸气的十分之一，制冷剂冷凝器中制冷剂侧热阻占总热阻的相当大比例。

如何强化凝结传热效果是提高能效的重要因素。

主要方法为，通过改变冷凝管表面形状，减小其表面凝结液膜厚度，以达到减小热阻的目的。如图 3-14 所示，三种冷凝管，在凝结温差为 2℃ 时，低肋管的凝结传热系数为光滑管的 5 倍，而锯齿形高热流冷凝管凝结传热系数为光滑管的 10 倍左右。实际应用是可以考虑在管内壁和外壁同时改变表面形状以达到强化传热的目的。

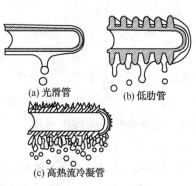

(a)光滑管　(b)低肋管

(c)高热流冷凝管

图 3-14　冷凝情况

3.3.2　沸腾

当液体与温度高于其相应压力下饱和温度的壁面接触时可能发生沸腾传热。沸腾传热分为大容器沸腾和管内强迫对流沸腾，也可按液体温度分为饱和沸腾和过冷沸腾。

不管何种沸腾传热，在液体内部均产生气泡。因此要了解沸腾传热，必先了解气泡在沸腾过程中的行为，即了解气泡动力学方面的知识。这有助于认识沸腾现象的本质，有助于理解影响沸腾传热的一些主要因素和强化沸腾传热的措施。

（1）气泡成长过程

实验表明，通常情况下，沸腾时气泡只发生在加热面的某些点，而不是整个加热面上。这些产生气泡的点称为汽化核心。普遍认为，壁面上的凹穴和裂缝易残留气体，是最好的汽化核心，如图3-15所示。在汽化核心产生的气泡，由于周围加热面的加热，气、液交界面上的液体继续蒸发，气泡长大。待气泡长大到一定程度后，气泡受到的液体的浮力超过气、固间产生的表面张力，气泡脱离加热面，四周的液体来补允气泡脱离后留下的空间。

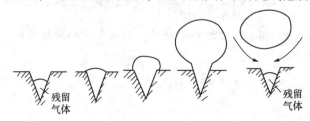

图3-15　单个气泡成长过程

（2）气泡存在的条件

气泡半径 R 必须满足下列条件才能存在：

$$R \geq R_{min} = \frac{2\sigma T_s}{r \rho_v (t_w - t_s)} \tag{3-44}$$

式中　σ——表面张力，N/m；

r——相变焓，J/kg；

ρ_v——蒸汽密度，kg/m³；

t_w——壁面温度，℃；

t_s——对应压力下的饱和温度，℃。

如不满足上式，气泡不能长大。即凹坑的半径必须满足式(3-44)才能成为汽化核心。

由式(3-44)可分析得，过热度$(t_w - t_s)$增加，R_{min}将减小，同一加热面上 $R \geq R_{min}$ 的凹坑数将增多，即汽化核心数增加，产生气泡的密度增加，沸腾传热系数将增加。另外也可人为制造汽化核心使沸腾传热强化。

（3）大容器饱和沸腾曲线

大容器内，随着加热面温度与与相应压力下的液体饱和温度t_s之差 Δt 的增加，将观察到如图3-16所示的几种典型的沸腾状态。以大气压下的水为例，开始时由于壁面过热度$\Delta t = (t_w - t_s)$很小（$\Delta t < 5$℃），加热面上不产生气泡，只有被加热面加热的液体向上浮升，形成如图3-16(a)所示的自然对流，液面发生表面蒸发。壁面过热度进一步增加，加热面上开始出现气泡，产生如图3-16(b)所示的核态沸腾，并且随着壁面过热度的增加，沸腾愈加旺盛，气泡扰动更大，沸腾传热系数很大。当壁面过热度大到某一程度（$\Delta t \cong 20$℃）时，气泡来不及脱离加热面而开始连成不稳定的气膜，即由核态沸腾开始向膜态沸腾过渡，出现临界点。这时的热流密度称为临界热负荷q_c，如图3-16(c)所示。过热度继续增加，加

热面上仍然产生不稳定的气膜。此时气膜面积不大，同时气膜有时会破裂被新的气泡代替，因此加热面上时而气泡，时而气膜。随着过热度的增加，气膜的稳定度增加，沸腾处于由核态沸腾向膜态沸腾转变的过渡区，如图 3-16(d) 所示。过热度继续增加（$\Delta t = 120 \sim 150℃$），加热面上将产生稳定的气膜，而进入如图 3-16(e) 所示的稳定膜态沸腾。当 Δt 超过 300℃ 后，加热面与液体间的辐射传热增加，与气膜导热一起形成稳定的膜态沸腾传热，且随着壁温 t_w 的增加，沸腾传热系数增加。

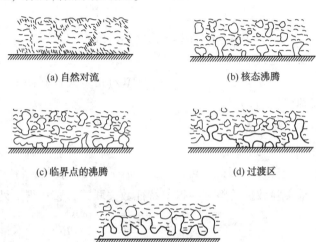

(a) 自然对流   (b) 核态沸腾

(c) 临界点的沸腾   (d) 过渡区

(e) 稳定膜态沸腾

图 3-16   几种典型的沸腾状态

不同状态的沸腾，传热规律不一样。图 3-17 是大气压力下水在大容器内的水平加热面上被加热时的沸腾曲线。当壁面被蒸汽凝结加热而使另一侧液体沸腾时，用调节加热蒸汽压力的方法可调节加热面温度，改变过热度 Δt，此时的沸腾传热过程如图 3-16 所示。随着 Δt 的增加，先后发生自然对流传热、核态沸腾传热、过渡区沸腾传热，直到稳态的膜态沸腾传热，在图 3-17 上从地温到高温沿曲线的顺序进行。对于用控制热流密度改变工况的加热设备（如电加热液体、核反应堆中燃料棒加热冷却水、炉膛燃烧产物辐射加热水冷壁中的水等），当热流密度超过 q_c 时会发生这样的现象：由于热流密度无法随着过热度 Δt 的增加而减少，工况将不再按图 3-17 所示的沸腾曲线由 C 点向 D 点过渡，而是由图中 C 点跳到同一热流密度 q_c 下的 E 点。这是非常危险的。从图 3-17 可见，此时热流密度 q_c 虽未增加，但从 C 点跳到 E 点时由于传热机构的变化，传热温差 Δt 将从 20℃ 增加到 700 ~ 1000℃，再加上介质的饱和温度，这种情况对于以水为介质的动力设备是不能允许的。因

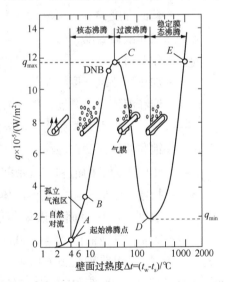

图 3-17   标准大气压下饱和水在水平
加热面上沸腾曲线

为它严重影响着动力设备的安全和人身安全，所以q_c被称为临界热流密度。对于制冷工质。虽然从C点跳到E点不会影响设备的安全，但当q略小于q_c时沸腾传热系数最大。因此，为了减小沸腾传热面，希望设计工况在C点附近。所以，对于制冷和空调工程，临界热流密度的研究也具有很大的现实意义。

（4）大容器核态沸腾计算

对于$2\times10^4\sim1.01\times10^7$Pa压力下，水的大容器饱和沸腾，米海耶夫推荐下列沸腾传热系数的计算式：

$$h = 0.1448 \{\Delta t\}_{\text{℃}}^{2.33} \{p\}_{\text{Pa}}^{0.5} \text{W/(m}^2 \cdot \text{K)} \qquad [3-45(a)]$$

按$q = h\Delta t$，上式又可写成

$$h = 0.56 \{q\}_{\text{W/m}^2}^{0.7} \{p\}_{\text{Pa}}^{0.15} \text{W/(m}^2 \cdot \text{K)} \qquad [3-45(b)]$$

式中　Δt——壁面过热度，$\Delta t = t_w - t_s$，℃；

$\quad\quad q$——壁面热流密度，W/m^2；

$\quad\quad p$——沸腾的绝对压力，Pa。

沸腾传热也属于对流传热，因此也可以用式$Nu = c\,Re^n Pr^m$表示，特征尺寸为气泡脱离直径d_0。罗森诺通过大量实验数据的整理，得出特征数关联式，整理得下列计算式：

$$\frac{c_{pl}(t_w - t_s)}{r} = C_{wl} \left[\frac{q}{\eta_1 r} \sqrt{\frac{\sigma}{(\rho_1 - \rho_v)g}} \right]^{0.33} Pr_1^n \qquad [3-46(a)]$$

变换形式求q，得

$$q = \eta_1 r \left[\frac{(\rho_1 - \rho_v)g}{\sigma} \right]^{0.5} \left[\frac{c_{pl}(t_w - t_s)}{C_{wl} r Pr_1^n} \right]^3 \qquad [3-46(b)]$$

式中　c_{pl}——饱和液体的定压比热容，J/(kg·K)；

$\quad\quad t_w$——壁面温度，℃；

$\quad\quad t_s$——饱和液体温度，℃；

$\quad\quad r$——相变焓，J/kg；

$\quad\quad q$——加热面热流密度，W/m^2；

$\quad\quad \eta_1$——饱和液体动力黏度，Pa·s；

$\quad\quad \sigma$——液、气界面表面张力，N/m；

$\quad\quad \rho_1$——饱和液体密度，kg/m^3；

$\quad\quad \rho_v$——相应压力下的饱和蒸汽密度，kg/m^3；

$\quad\quad n$——指数，水取$n=1$，其他液体取$n=1.7$；

$\quad\quad C_{wl}$——取决于加热表面和液体组合情况的经验系数，水取$C_{wl}=0.013$，分散度为
　　　　　　20%；其他液体$C_{wl}=0.003\sim0.015$。

式（3-46）的使用范围比式（3-45）广泛。对于水，实验值与式（3-46）最大偏差为$\pm20\%$。用来估算热流密度偏差较大，有时会达到100%，可见沸腾传热的复杂性。

【例3-8】　在1.013×10^5Pa的绝对压力下，水在表面温度为117℃的铜管外表面上进行大容器核态沸腾。求此情况下铜管外表面上的沸腾传热系数h和单位面积的汽化率m。

解：由饱和压力查得水的饱和温度$t_s=100$℃，$r=2257.1$kJ/kg。

按式[3-45(a)]计算沸腾传热系数

$$h = 0.1448 \{\Delta t\}_{℃}^{2.33} \{p\}_{Pa}^{0.5} W/(m^2 \cdot K) = 33925 W/(m^2 \cdot K)$$

单位面积的汽化率为

$$m = \frac{q}{r} = \frac{h\Delta t}{r} = 0.256 kg/(m^2 \cdot s)$$

按式[3-46(b)]计算沸腾传热系数

$$q = \eta_l r \left[\frac{(\rho_l - \rho_v)g}{\sigma} \right]^{0.5} \left[\frac{c_{pl}(t_w - t_s)}{C_{wl} r Pr_l^n} \right]^3 = 701810 W/m^2$$

$$m = \frac{q}{r} = 0.311 kg/(m^2 \cdot s)$$

注意：用不同公式计算结果不同，偏差达到 21.7%，说明沸腾传热的复杂性。

（5）管内强迫对流沸腾传热简介

液体在管内强迫流动时的沸腾情况和大容器沸腾不完全一样。液体一方面在加热面上沸腾，另一方面又以一定的速度流过加热面，因此对流传热既与沸腾传热有关，又与强迫对流传热有关。管内流动沸腾传热在工程上应用比较广泛，如锅炉中的水冷壁和对流蒸发管束，以及各种管外加热的蒸发器和蒸馏器等。

（6）沸腾传热的强化

水沸腾传热系数高达 2500~25000W/(m²·K)，其热阻在总传热过程中不占重要地位。但是，低温介质(制冷剂等)沸腾传热系数比水小得多，其表面传热热阻成为蒸发器总传热过程的主要热阻，强化沸腾传热显得比较重要。

强化沸腾传热的方法有以下几种：

① 提高壁面过热度 Δt。随着 Δt 增加，沸腾传热系数增加，而且沸腾传热系数与么 Δt 近似呈二次方关系。

② 改用相变焓 r 较高的介质。沸腾传热系数 h_b 与 r^2 成正比。所以，在可能的情况下应尽量用相变焓大的介质。

③ 改用管内流动沸腾传热。由于单相介质强迫迫对流传热的影响，管内流动沸腾传热系数比大容器内沸腾传热系数大 20% 以上，在热流密度不太大的场合其影响更大。

④ 采用薄膜蒸发过程。让液体在加热面上形成薄膜，使它一面呈膜状流动，一面沸腾蒸发，其沸腾传热系数可比大容器内沸腾传热系数高 1~3 倍。

⑤ 人工制造粗糙表面。在沸腾传热强化措施中人工制造的粗糙表面占重要地位。人为地使加热面粗糙可增加汽化核心，从而使沸腾传热系数增加 1~2 倍。但由于用砂布打磨等方法造成的凹坑，里面吸附的气体易被液体带走，同时易被污垢堵塞，所以不能维持较高的 h_b。因此改用烧结、机械加工、化学腐蚀等方法使表面成多孔状，形成高热流管。

3.3.3 凝华和升华

凝华是物质跳过液态直接从气态变为固态的现象，物质在温度和气压低于三相点的时候发生凝华。形成凝华的条件比较特殊，一般是要求气体的浓度要到达一定的要求，温度要低于凝点的温度，比如低于0℃的时候的水蒸气等，形成原因一般是急剧降温或者由于升华现象造成。自然界发生的凝华现象有，树枝上的"雾凇"；从冰箱里拿出来的冰棍结成了一层"霜"；又如自然界中"霜"的形成等。

升华和凝华互为逆过程，升华指物质从固态不经过液态直接变成气态的相变过程。最常见的升华例子是干冰在常温常压下直接变成二氧化碳气体。温度和压强低于三相点的部分中，有气相和固相的交界线。凡是从气相越过这条交界线变为固相的过程，都是升华。相反的过程，即从固相越过这条交界线变为气相的过程，叫凝华。大部分物质在升华为蒸气后还能凝华成为和升华前一样的固体，但是某些固体会在升华又凝华后形成另一种结构的固体，比如红磷在升华之后再凝华就成为白磷了。

升华实际上是晶体中的微粒直接脱离晶体点阵结构而转变成为气体分子的现象。单位质量的晶体直接变成气体时需要吸收的热量，叫做该固体的升华热(heat of sublimation)或升华焓(enthalpy of sublimation)。在升华过程中，微粒一方面必须要克服粒子间的结合力做功，另一方面还要克服外界的压强而做功。根据能量守恒定律，此时必定要从外界吸收热量。因此升华热在数值上与熔解热和汽化热之和相等。

升华和凝华现象在石油工业生产中出现较少，只有在LNG的生产和运输中会出现，例如空温式汽化器，故升华热的计算本书不做介绍。

拓展阅读——气液两相流混合传热

两相流定义：存在变动分界面的两种独立物质组成的物体的流动。可以分为气液两相流、气固两相流、液固两相流，此外，两种不同组分的液体的共同流动也属于两相流范畴。

气液两相流在核能、热能及大量工业设备中广泛存在，如核反应堆、蒸汽发生器等设备、锅炉、冷凝器、石油输送管道和气液分离器等。

将气液两相流引入传热过程中，可强化传热过程。实验表明，在不同的液体流量下，随着表观气体速度的增加，传热系数K都有较明显的增加，但液体在湍流区时，K随气体速度增加得更快。在液体流速较大时，由于本身剧烈湍动，挟带了大量气泡，这些气泡在剧烈的湍动中不断冲刷管壁，导致液体层流底层的厚度变薄，使K大为提高。而液体流速较低时，动能较小，不足以挟带大量气泡，因此不会产生明显的气泡冲刷管壁的现象。随着气体速度的增加，液体的实际流速加快，湍动也增加，气体对液体有扰动作用，使传热状况得以改善，这种改善比液速很高时的情况要微弱得多；当液相为湍流时，气体速度很小时就导致K有较大变化，而后随气体速度的增加K的增长速度渐缓，当气体速度增大到一定程度时，K基本不再随气体速度的增加而变化，趋近一恒值。这说明气体对液体湍动的促进作用是有极限的。

关于气液两相流混合加热的计算可以参考相关资料，同时应用FLUENT等软件也可以完成计算。

思 考 题

3-1 为什么电厂发电机用氢气冷却比空气冷却效果好？为什么用水冷却比氢气冷却效果更好？

3-2 管内湍流强迫对流传热时，流速增加1倍，其他条件不变，对流传热系数 h 如何变化？管径缩小一半、流速等其他条件不变时 h 如何变化？管径缩小一半、体积流量等其他条件不变时，h 如何变化？

3-3 仿照管内强迫对流传热强化措施的分析，试说明流体横掠管束对流传热时应采取哪些强化措施。

3-4 对寸有限空间自然对流传热，Nu 会小于1吗？为什么？

3-5 竖壁倾斜后凝结传热系数减小，如何解释？

3-6 空气从上向下横掠管束时，平均对流传热系数随着竖直方向上的管排数的增加而增加。而蒸汽在水平管束外凝结传热时，竖直方向上管排数越多，平均凝结传热系数却越低。如何理解这两种相反的结论？

3-7 水蒸气在管外凝结传热时，一般将管束水平放置而不竖直放置，为什么？

3-8 为什么冷凝器上要装抽气器将其中的不凝结气体抽出？

3-9 在大气压下将同样的两滴水滴在表面温度分别为120℃和400℃的锅上，试问滴在哪种锅上的水先被烧干，为什么？

3-10 从大容器饱和沸腾传热曲线可看出，用电流加热(恒热流)的情况下，水沸腾时沸腾曲线会从 C 点跃到 E 点，而常使设备烧毁。用水壶烧开水也可近似视为恒热流加热，但为什么不必担心烧干前水壶会烧毁？

习 题

3-1 为了用实验的方法确定直径 $d=400$mm 的钢棒[热导率 $\lambda=42$W/(m·K)，热扩散率 $a=1.18\times10^{-5}$m²/s，表面传热系数 $h=116$W/(m²·K)]放入炉内时间为2.5h时的温度分布，现用几何形状像的合金钢棒[热导率 $\lambda_m=16$W/(m·K)，热扩散率 $a_m=0.53\times10^{-5}$m²/s，表面传热系数 $h_m=150$W/(m²·K)]在不大的炉中加热。求模型直径 d_m 和模型放入炉内多少时间后测量模型中温度分布。

3-2 现用模型来研究某变压器油冷区系统的传热性能。假如基本的传热机理是圆管内强迫对流传热，变压器原耗散100kW的热流量。变压器油的 $\lambda=131.5\times10^{-3}$W/(m·K)，$Pr=80$。模型的直径为0.5cm，线性尺寸为变压器的1/20，表面积为变压器的1/400。模型和变压器中的平均温度差相同，模型用乙二醇作流体，雷诺数 $Re=2200$。乙二醇的 $\lambda=256\times10^{-3}$W/(m·K)，$Pr=80$，$v=0.868\times10^{-5}$m²/s。试确定模型中的能耗率(散热热流量)和流速。

3-3 冷凝器内有1000根内径为50mm、长10m的管子，其内壁温度为39℃。初温为10℃、流量为6m³/s的冷却水在管内流动。求平均对流传热系数和水的温升。

3-4 汽车散热器由直径为6.1mm、长为610mm的肋管组成，平均温度为62℃的冷却水以 0.9m/s 的速度流经管内。管壁温度为 50℃。试计算对流传热系数 h。

3-5 设 20℃ 的水以 10kg/s 的质量流量进入直径为 10cm、长 10m 的圆管内。罐壁温度为 80℃，求水的出口温度。

3-6 一油冷器，机油在管内流动，进、出口温度分别为 80℃ 和 60℃。管子内表面温度保持 10℃，管子内径为 10mm、长为 27m。油的平均流速为 1m/s。求对流传热系数。

3-7 一竖直冷却面置于饱和水蒸气中，如将冷却面的高度增加为原来的 n 倍，其他条件不变，且液膜仍为层流，问凝结传热系数和凝结液量如何变化？

3-8 大气压下的饱和水蒸气在宽 30cm、高 1.2m 的竖壁上凝结。若壁温为 70℃，求每小时的传热量及凝结水量。

3-9 冷凝器的水平管束由直径 $d_o = 20mm$ 的圆管组成，管壁温度 $t_w = 15℃$。压力为 $0.045×10^5 Pa$ 的饱和水蒸气在管外凝结。若管束自上而下共 20 排，叉排布置，求管束的平均传热系数。

3-10 用一根长 1m 的水平管凝结 $1.013×10^5 Pa$ 的饱和蒸汽，管外表面温度为 70℃。为了使凝结水量为 125kg/h，试问管径应为多少？

外线，将 $1.4\mu m$ 0~1000μm段称为远红外线，把波段为 $1.4\mu m$ 到可见光区间红外线。 $1\mu m$ 以下
波段长大于4.0μm 的波长称为 $4.0\mu m$ 的称远红外线。 $\cdots\cdots$ 波段为 $3.0\mu m$ 到
3000μm 的波段称为红外线段为 $3.0\mu m$ 等， $\cdots$ 波长为 $4.0\mu m$ 到 3000 段称为
0.1~200nm。

4 辐射传热

热辐射是热量传递的三种基本方式之一。任何温度高于0K的物体都具有以热辐射的方式向外界连续辐射能量的能力。与此同时，物体又能接收其他物体以热辐射的方式向它辐射的能量。辐射传热是两物体表面以热辐射的方式进行热量交换的现象。辐射传热问题的研究在工程领域有着重要的意义。

本章主要介绍：热辐射相关基本概念；黑体辐射三大基本定律；物体辐射的特性；实际物体的辐射和吸收特性；太阳与环境辐射。

4.1 热辐射的基本概念

4.1.1 热辐射的本质

辐射是物体通过电磁波传递能量的现象。热辐射是由于物体内部微观粒子的热运动状态改变将部分内能转换成电磁波的形式发射出去的过程。电磁波落到物体上，一部分被物体吸收，将电磁波的能量重新转换成内能（有时还可能引起化学作用和光电作用等）。由于起因不同，物体发出电磁波的波长不同。包括太阳辐射在内，热辐射的波长主要位于 $0.10\sim1000\mu m$ 的范围内，各种电磁波的波长如图4-1所示。

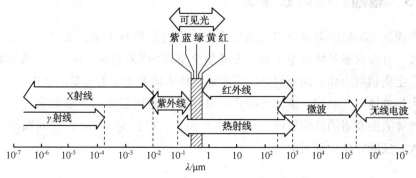

图4-1 电磁波波谱

热辐射产生的电磁波叫热射线。热射线包含部分紫外线、全部可见光和红外线。可见光的波长为 $0.38\sim0.76\mu m$，紫外线的波长小于 $0.38\mu m$，红外线的波长大于 $0.76\mu m$。按国际照明委员会规定：波长为 $0.76\sim1.4\mu m$ 的称为近红外线，波长为 $1.4\sim3.0\mu m$ 的称为中红

75

外线，波长为 3.0~1000μm 的称为远红外线。我国工程上常将红外线中波长小于 4μm 的电磁波称为近红外线，波长大于 4μm 的称为远红外线。根据分析，工程上一般物体($T<$2000K)热辐射的大部分能量的波长位于 0.76~20μm，而太阳辐射的热辐射波长一般为 0.1~20μm。

4.1.2 吸收比、反射比和透射比

强度为 G(单位为 W/m^2)的热辐射(简称投射辐射)到达物体表面时，其中一部分 $G\rho$ 被物体表面反射，一部分 $G\tau$ 穿透物体，只有 $G\alpha$ 部分被物体吸收(图4-2)。由能量守恒定律得

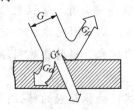

$$G = G\rho + G\tau + G\alpha$$

等式两边除以 G，得

$$\rho + \tau + \alpha = 1 \qquad (4-1)$$

式中　ρ——反射比；
　　　　τ——透射比；
　　　　α——吸收比。

图4-2　物体对热射线的
吸收、反射和透射

热射线穿过一般固体和液体表面后，在很小的距离内就被完全吸收。因此，对于一般固体和液体，可认为透射比 $\tau=0$，即 $\rho+\alpha=1$。

投射到气体界面上的热射线能穿透气体，而几乎不反射。因此，可认为气体的反射比 $\rho=0$，即 $\tau+\alpha=1$。气体对热射线的吸收和透射不是在气体界面上，而是在整个气体空间内进行的，所以气体的吸收和透射特性与其界面状况无关，而与气体的内部特征有关。

自然界各种物体的吸收比、反射比和透射比相差很大。为了研究方便先从理想物体着手，然后再把实际物体与理想物体比较。将吸收比 $\alpha=1$ 的物体称为黑体，把反射比 $\rho=1$ 的物体称为白体，透射比 $\tau=1$ 的物体称为透明体。这些物体都是假想的理想物体，自然界中并不存在。

4.1.3 辐射力和有效辐射

物体表面发射辐射的多少与表面的温度及表面的性质有关系，发射的辐射可能包含各种波长的波，且辐射能量将分布于其上方的整个空间(称为半球空间)。一般用辐射力、光谱辐射力、定向辐射力和定向辐射强度等表征物体表面发出辐射能量的多少。

辐射力指物体单位时间，单位表面积向其半球空间所有方向发射的全部波长的辐射能总和，即物体表面发射的总辐射能，用符号 E 表示，单位为 W/m^2。相同温度下黑体的辐射力 E_b 最大，实际物体的辐射力为

$$E = \varepsilon E_b \qquad (4-2)$$

式中　ε——物体的发射率；
　　　　E_b——同温度下的黑体辐射力，W/m^2。

光谱辐射力指物体单位时间，单位表面向半球空间所有方向发射的特定波长[$\lambda \sim (\lambda + d\lambda)$]范围内单位波长的辐射能，用符号 E_λ 表示，单位为 $W/(m^2 \cdot \mu m)$ 或 W/m^2。

物体表面除了向外界发射辐射外，其他物体投射到该物体表面上的投射辐射还有部分被反射。发射辐射和反射辐射之和成为有效辐射（图4-3），记为 J，即

$$J = E + \rho G \qquad (4-3)$$

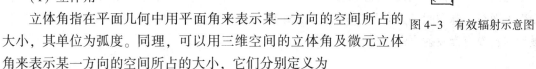

图4-3　有效辐射示意图

4.1.4　定向辐射度

（1）立体角

立体角指在平面几何中用平面角来表示某一方向的空间所占的大小，其单位为弧度。同理，可以用三维空间的立体角及微元立体角来表示某一方向的空间所占的大小，它们分别定义为

$$\Omega = \frac{A_c}{r^2}, \quad d\Omega = \frac{dA_c}{r^2} \qquad (4-4)$$

在图4-4的球坐标系中，φ 称为经度角，θ 称为纬度角。空间的方向可以用该方向的经度角与纬度角来表示。显然要说明黑体向半球空间辐射出去的能量按不同方向分布的规律只有对不同方向的相等的立体角来比较才有意义。立体角的单位称为空间度，记为 sr。

由图4-5可得

$$d A_c = r d\theta \cdot r \sin\theta d\varphi \qquad (4-5)$$

代入式（4-4），可得微元立体角为

$$d\Omega = \sin\theta d\theta d\varphi \qquad (4-6)$$

（2）定向辐射强度

对于黑体辐射，由于对称性在相同的纬度角下从微元黑体面积 dA 向空间不同经度角方向单位立体角中辐射出去的能量是相等的。因此研究黑体辐射在空间不同方向的分布只要查明辐射能按不同纬度角分布的规律就可以了。设面积为 dA 的黑体微元面积向围绕空间纬度角 θ 方向的微元立体角 dΩ 内辐射出去的能量为 d$\varphi(\theta)$，则实验测定表明：

$$\frac{d\varphi(\theta)}{dA d\Omega} = I\cos(\theta) \qquad (4-7)$$

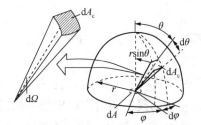 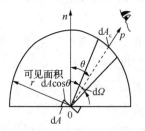

图4-4　微元立体角与半球空间几何参数关系　　图4-5　可见面积示意图

这里 I 为常数，与 θ 方向无关。此式还可以表示为另一形式：

$$\frac{d\varphi(\theta)}{dA d\Omega \cos\theta} = I \qquad (4-8)$$

$dA\cos\theta$ 指某一方向上可以看见的辐射面积为实际辐射面积在该方向上的投影，称为可见辐射面积。式（4-8）左端的物理量是从黑体单位可见面积发射出去的落到空间任意方向的单位立体角中的能量，称为定向辐射强度。

4.1.5 漫射表面

能向半球空间各方向发出均匀辐射度的发射辐射物体表面称为漫发射表面。它在半球空间范围内有均匀的发射度。如果不论外界辐射是以一束射线沿某一方向投入还是从整个半球空间均匀投入，物体表面在半球空间范围内各方向上都有均匀的反射辐射度，则该表面称为漫反射表面。如该表面既是漫发射表面，又是漫反射表面，则该表面称为漫射表面。漫射表面在半球空间各方向的定向辐射度相等。黑体表面无反射，只有漫发射。白体只有漫反射，没有漫发射(图4-6)。

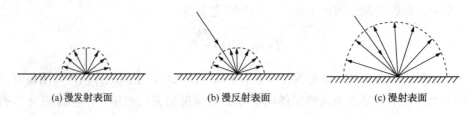

(a) 漫发射表面　　　　(b) 漫反射表面　　　　(c) 漫射表面

图4-6　漫发射表面、漫反射表面、漫射表面

4.2 黑体辐射的基本定律

4.2.1 黑体和黑体模型

黑体是一个理想化的物理模型，它能够吸收外来的全部电磁辐射，并且不会有任何的反射与透射。换句话说，黑体对于任何波长的电磁波的吸收系数为1，透射系数为0。黑体吸收能力最强。落到黑体表面的辐射能全部被吸收，吸收比$\alpha=1$。黑体的辐射能力也最强，由式(4-2)得黑体的发射率$\varepsilon=1$。此外，黑体表面是漫射表面，黑体表面间的辐射传热要简单得多。下面我们先介绍黑体辐射，在此基础上对黑体辐射加以修正，就可得到一般物体的热辐射。

在自然界并不存在真正的黑体，即使是吸收比很高的烟炱和黑丝绒，其吸收比也只有0.96。于是人们设法制造出了十分接近黑体的模型。

一般物体表面的吸收比总小于1，所以投射到其表面上的辐射能一次不能完全被吸收。但是，对于腔壁上有小孔的空腔，从小孔进入空腔的投射辐射在内壁经多次反射和吸收后，从小孔离开空腔的辐射能可以小到几乎为零(图4-7)。例如，当球形空腔内壁的吸收率为0.6，小孔面积为其腔内壁面积的0.6%时，计算表明，对于从小孔进入空腔的投射辐射，空腔内壁吸收了0.996。这等效于落到小孔腔的投射辐射被小孔吸收了0.996，即小孔的表观吸收比为0.996。如小孔的面积进一步缩小，小孔的表观吸收比将更接近于1。由此可见，空腔上的小孔具有黑体的性质。具有小孔的均匀壁温空腔可作为黑体模型。下面介绍黑体辐射的基本定律，黑体的有关物理量用下标"b"表示(图4-8)。

图 4-7　黑体模型

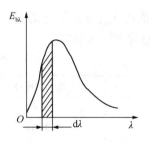

图 4-8　黑体光谱辐射力与波长的关系

4.2.2　普朗克定律与维恩位移定律

要计算黑体的辐射力，必须先了解黑体的光潜辐射力按波长的分布规律。

物体的光谱辐射力 E_λ 为在波长 $\lambda \sim \lambda+\mathrm{d}\lambda$ 的波长范围内辐射力 $\mathrm{d}E$ 与波长间隔 $\mathrm{d}\lambda$ 的比值，即

$$E_\lambda = \left(\frac{\mathrm{d}E}{\mathrm{d}\lambda}\right)_\lambda \tag{4-9}$$

E_λ 与波长 λ 的关系曲线如图 4-8 所示。普朗克在量子理论的基础上得到了黑体光谱辐射力 $E_{b\lambda}$ 随波长 λ 和温度 T 变化的函数关系，即

$$E_{b\lambda} = \frac{c_1}{\lambda^5\left[\exp\left(\dfrac{c_2}{\lambda T}\right)-1\right]} \tag{4-10}$$

式中　λ——波长，μm；

　　　　T——辐射表面的热力学温度，K；

　　　　c_1——普朗克第一常数，$c_1 = 3.742\times10^8 \mathrm{W}\cdot\mu m^4/m^2$；

　　　　c_2——普朗克第二常数，$c_2 = 1.439\times10^4 \mu m\cdot K$。

绘制式（4-10）的图形得图 4-9。黑体的光谱辐射力随波长连续变化；$\lambda\rightarrow0$ 或 $\lambda\rightarrow\infty$ 时 $E_{b\lambda}\rightarrow0$；对于任一波长 λ，其光谱辐射力 $E_{b\lambda}$ 随温度 T 的升高而增加；任一温度 T 下的 $E_{b\lambda}$ 有一极大值，其对应的波长为 λ_{max}，且随着温度 T 的增加 λ_{max} 变小，集中较多辐射能的区域向短波方向移动，所以物体表而温度升高时物体表面的颜色由红色经黄色变成白色（表 4-1）。太阳可近似认为是表面温度 5800K 的黑体，它发射的辐射能的很大部分在可见光波段。

利用式（4-10）可设计出光学高温计。例如，用红色滤光片滤去波长

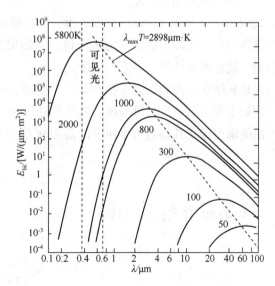

图 4-9　黑体光谱辐射力与波长和温度的关系

$\lambda = 0.6\mu\mathrm{m}$ 以外的进入光学高温计的光线,并测出被测黑体对象的光谱辐射力 $E_{b\lambda}$,则利用式(4-10)可求得被测黑体的温度。

表 4-1 发光颜色与其对应的温度

辐射表面颜色	表面温度/K	辐射表面颜色	表面温度/K
暗红色	800	黄色	1500
深红色	1000	白色	1600
樱桃红色	1200	白炽	1800 以上
橙色	1400		

将式(4-10)对 λ 求导,令其等于零,即可得到光谱辐射力 $E_{b\lambda}$ 为极大值时的波长 λ_{max} 与温度 T 的关系:

$$\lambda_{max}T = 2898\mu\mathrm{m}\cdot\mathrm{K} \tag{4-11}$$

这就是维恩定律。利用式(4-11)可方便地估算出太阳表面的温度。由于太阳可近似地视为黑体,而用光学仪器测得的太阳光谱辐射力最大时的波长 $\lambda_{max}\approx 0.5\mu\mathrm{m}$,将此值代入式(4-11)得太阳表面温度近似为 5800K。

4.2.3 斯特藩–玻尔兹曼定律

在热辐射的分析和计算中,常常需要知道黑体在全波长范围内的辐射力 E_b。将式(4-10)积分可得黑体的辐射力

$$E_b = \sigma_b T^4 = c_b\left(\frac{T}{100}\right)^4 \tag{4-12}$$

式中 σ_b——黑体辐射常数,$\sigma_b = 5.67\times10^{-8}\mathrm{W}/(\mathrm{m}^2\cdot\mathrm{K}^4)$;

c_b——黑体辐射系数,$c_b = 5.67\mathrm{W}/(\mathrm{m}^2\cdot\mathrm{K}^4)$;

T——黑体温度,K。

式(4-12)即斯特藩–玻耳兹曼定律,表明黑体辐射力与其热力学温度的四次方成正比,所以又称为四次定律。利用该定律可设计全辐射高温计,只要测出黑体在全波长范围内的辐射能,就能测出该物体的表面温度。

在某些情况下需要知道黑体在某一特定波长范围内的辐射能及其在辐射力中所占的份额,例如太阳辐射能中可见光所占的比例和白炽灯的发光效率等。在 $0\sim\lambda$ 的波长范围内黑体发出的辐射能在其辐射力中所占的份额称为黑体辐射函数。黑体辐射函数为

$$F_{b(0\sim\lambda)} = \frac{E_{b(0\sim\lambda)}}{E_b} = \frac{\int_0^\lambda E_{b\lambda}\mathrm{d}\lambda}{\sigma_b T^4} \tag{4-13(a)}$$

将式(4-10)代入式(4-13)得

$$F_{b(0\sim\lambda)} = \int_0^{\lambda T}\frac{c_1}{\sigma_b(\lambda T)^5\left[\exp\left(\dfrac{c_2}{\lambda T}\right) - 1\right]}\mathrm{d}(\lambda T) = \int(\lambda T) \tag{4-13(b)}$$

即黑体辐射函数 $F_{b(0\sim\lambda)}$ 是波长与温度乘积 λT 的函数。$F_{b(0\sim\lambda)}$ 可直接由表 4-2 查出。在

$\lambda_1 \sim \lambda_2$ 的波长范围内的黑体辐射函数和黑体辐射能为

$$F_{b(\lambda_1 \sim \lambda_2)} = F_{b(0 \sim \lambda_1)} - F_{b(0 \sim \lambda_2)} \qquad (4-14)$$

这样，利用式(4-14)和表4-2可以求出某一特定波长范围内的黑体辐射函数和黑体的辐射能。

表4-2　黑体辐射函数表

$\lambda T/\mu m \cdot K$	$F_{b(0-\lambda)}/\%$	$\lambda T/\mu m \cdot K$	$F_{b(0-\lambda)}/\%$
600	0.000	5500	69.12
700	0.000	6000	73.81
800	0.002	6500	77.66
900	0.009	7000	80.83
1000	0.0323	7500	83.46
1100	0.0916	8000	85.64
1200	0.214	8500	87.47
1300	0.434	9000	89.07
1400	0.782	10000	91.43
1500	1.290	12000	94.51
1600	1.979	14000	96.29
1700	2.862	16000	97.38
1800	3.946	18000	98.08
1900	5.225	20000	98.56
2000	6.690	22000	98.89
2200	10.11	24000	99.12
2400	14.05	26000	99.30
2600	18.34	28000	99.43
2800	22.82	30000	99.53
3000	27.36	35000	99.70
3200	31.85	40000	99.79
3400	36.21	45000	99.85
3800	44.38	50000	99.89
4000	48.13	55000	99.92
4200	51.64	60000	99.94
4400	54.64	70000	99.96
4600	57.96	80000	99.97
4800	60.79	90000	99.98
5000	63.41	100000	99.99

4.2.4　兰贝特定律

兰贝特定律给出了黑体辐射能按空间方向的分布规律。式(4-8)表明黑体的定向辐射强度是个常量，与空间方向无关。这就是黑体辐射的兰贝特定律。定向辐射强度是以单位可见面积作为度量依据的，如果以单位实际辐射面积为度量依据，则为式（4-7）所示的结果。该式表明，黑体单位面积辐射出去的能量在空间的不同方向分布是不均匀的，按空间纬度角 θ 的余弦规律变化：在垂至于该表面的方向最大，面与表面平行的方向为零，这是兰贝特定律的另一种表达方式，称为余弦定律。

现在，我们对黑体辐射的规律作一个小结。黑体的辐射力由斯特藩-玻耳兹曼定律确定，辐射力正比于热力学温度的四次方；黑体辐射能量按波长的分布服从普朗克定律，而按空间方向的分布服从兰贝特定律；黑体的光谱辐射力有个峰值，与此峰值相对应的波长 λ。由维恩位移定律确定，随着温度的升高 λ_{max} 向波长短的方向移动。

4.3　实际物体的辐射特性

4.3.1　实际物体辐射特性

热辐射有两个重要特性：一是光谱性质，即光谱辐射力随波长变化；二是方向性，即辐射度因方向而异。下面来看看实际物体热辐射的这两个特性。

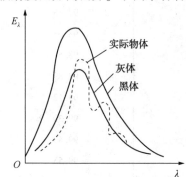

图4-10　实际物体的光谱辐射力
和同温下黑体曲线下的面积之比。利用式［4-15（a）］可将黑体辐时的四次方规律应用于实际物体。即实际物体的辐射力为

实际物体的光谱辐射力不仅比黑体的光谱辐射力 $E_{b\lambda}$ 小，而且 E_λ 与波长的关系没有一定的规律性，如图4-10所示，而黑体有一定的规律性，服从于普朗克定律。

由式（4-2）可得到实际物体的发射率 ε，它是实际物体的辐射力 E 与同温度黑体的辐射力 E_b 之比。则

$$\varepsilon = \frac{E}{E_b} = \frac{\int_0^\infty E_\lambda \, d\lambda}{\int_0^\infty E_{b\lambda} \, d\lambda} = \frac{\int_0^\infty E_\lambda \, d\lambda}{\sigma_b T^4} \qquad [4-15（a）]$$

即实际物体的发射率 ε 为图 4-10 所示实际物体曲线

$$E = \varepsilon E_b = \varepsilon \, \sigma_b T^4 = \varepsilon \, c_b \left(\frac{T}{100}\right)^4 \qquad [4-15（b）]$$

实际物体的辐射力并不严格地同热力学温度的四次方成正比，这可由实验证实。式［4-15（b）］写成四次方规律，给工程计算带来很大方便，而由此引起的偏差放在发射率中考虑，所以实际物体的发射率与温度有关。发射率 ε 直接由实验测得。

黑体是漫射表面，其定向发射辐射度与方向无关，那么实际物体表面的定向发射辐射度与方向关系如何？为了说明不同方向上实际物体辐射能量的分布情况，引用定向辐射力 E_φ 的概念。定向辐射力的定义式为

$$E_\varphi = \frac{d\varphi_p}{dA d\Omega} \qquad (4-16)$$

即定向辐射力在数值上为单位辐射面积在单位时间内向某一方向单位立体角内发射的辐射能。由定向发射率的定义可得

$$\varepsilon_\varphi = \frac{E_\varphi}{E_{b\varphi}} \qquad [4\text{-}17(a)]$$

式中，E_φ 和 $E_{b\varphi}$ 分别为实际物体和黑体的定向辐射力，式[4-17(a)]分子分母同时除以 $\cos\varphi$ 得

$$\varepsilon_\varphi = \frac{E_\varphi/\cos\varphi}{E_{b\varphi}/\cos\varphi} = \frac{I_{e\varphi}}{I_b} \qquad [4\text{-}17(b)]$$

式中　$I_{e\varphi}$——实际物体表面的定向发射辐射度，$W/(m^2 \cdot sr)$；

　　　I_b——黑体表面的定向发射辐射度，$W/(m^2 \cdot sr)$。

图4-11 表示了黑体、导电体和非导电体的定向发射率 ε_φ 随 φ 的变化情况。φ 为发射方向与辐射表面法线之间的夹角。一般非导电体的法向发射率 ε_n（或 $\varepsilon_{\varphi=0°}$）最大，从法线方向开始在一个相当大的角度范围内 ε_φ 变化不大。$\varphi>60°$ 时 ε_φ 的变化才比较显著；当 $\varphi=90°$ 时 $\varepsilon_\varphi=0$。磨光金属材料的 ε_φ，从 $\varphi=0°$ 开始的一个角度范围内变化不大，然后随着 φ 的增大而增大，在 φ 接近 90° 时又减小。

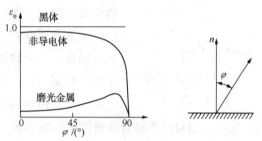

图4-11　定向发射率 ε_φ 与 φ 的关系

由此可见，实际物体的定向发射辐射度与方向角 φ 有关。尽管如此，实际物体的定向发射率的上述变化并不显著地影响 ε_φ 在半球空间内的平均发射率（又称半球发射率，简称发射率）ε。实验测定表明，物体的发射率 ε 与其表面的法向发射率 ε_n 的比值，对于粗糙的物体为 0.98；对于表面光滑的非金属物体为 0.95；对于高度磨光的金属物体为 1.2。因此，除高度磨光的金属表面外一般情况下定向发射率的上述变化可不必考虑，即认为 $\frac{\varepsilon_\varphi}{\varepsilon_n}\approx 1$，亦

即 $\frac{\varepsilon}{\varepsilon_n}\approx 1$。这样，多数工程材料都可近似地认为是漫发射。大多数资料只提供法向发射率 ε_n。但根据上述也可近似地认为是半球空间的平均发射率 ε（磨光金属除外）。

常用材料的表面发射率见附录，由附表20可见，物体表面的发射率取决于物体的种类、表面温度和表面状况。即物体表面的发射率仅与物体本身性质有关，而与外界环境无关。物体表面发射率是一个物性参数。一般非金属的发射率较大，金属的发射率较小。物体表面温度、氧化程度、粗糙程度对发射率的影响也很大。实验测定表明，大部分非金属材料和表面氧化的金属材料的发射率很高，在缺乏资料的情况下可近似取为 0.75~0.95。如能查到它们的法向发射率 ε_n，ε 也可近似取用 ε_n 的数值。对于高度磨光的金属表面，其发射率可近似取为其法向发射率 ε_n 值的 1.15~1.20 倍。

实际物体对投射辐射的吸收能力与投射辐射的波长分布有关，这是由于实际物体对不同波长的辐射能吸收比不同的缘故。光谱吸收比 $\alpha(\lambda)$ 为物体对某一特定波长投射辐射能吸收的百分数，即

$$\alpha(\lambda) = \frac{G_{\lambda,\alpha}}{G_\lambda} \tag{4-18}$$

式中 G_λ——波长为 λ 的投射辐射，W/m^3；

$G_{\lambda,\alpha}$——所吸收的波长为 λ 的投射辐射，W/m^3。

实测数据显示，磨光金属表面的光谱吸收比随波长变化不大，而非金属表面和氧化过的金属表面的光谱吸收比随波长的变化很大。

物体表面对投射辐射能的吸收比 α 为物体表面对投射辐射 G 在全波长范围内吸收的份额。由于实际无得吸收比与投射辐射的波长有关，所以物体的吸收比 α 除与吸收表面自身的性质和温度 T_1 有关外，还与投射辐射按波长的能量分布有关，而投射辐射按波长的能量

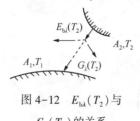

图 4-12 $E_{b\lambda}(T_2)$ 与 $G_\lambda(T_2)$ 的关系

分布与投射辐射物体(辐射源)的表面性质和温度 T_2 有关。即物体的吸收比既取决于自身的表面性质和温度，又取决于投射辐射物体的表面性质和温度；而物体的发射率仅取决于自身的性质和温度。因此，实际物体的吸收比不是一个物性参数，它要比其发射率复杂得多(图 4-12)。

这里还需强调一下，物体表面的颜色仅对可见光的吸收比有较大影响，而对红外辐射的吸收比影响不大。例如，白漆对太阳辐射的吸收比为 0.12，黑漆对太阳辐射的吸收比为 0.96，而对红外线的吸收比不管白漆还是黑漆均为 0.9 左右。

实际物体的光谱发射率、光谱吸收比和定向发射率，在某些精确计算中可以采用。一般工程上应用是半球空间在全波长范围内物体的总发射率 ε 和总吸收比 α，简称发射率和吸收比。

4.3.2 灰体

实际物体的光谱吸收比与黑体相差很大，不但小于 1，而且不是常数。如果某一物体的光谱吸收比 $\alpha(\lambda)$ 虽小于 1，但它是一个不随投射辐射的波长而变化的常数，则它的吸收比 α 也是一个常数，即

$$\alpha = \alpha(\lambda) = 常数 \tag{4-19}$$

这种物体称为灰体。与黑体一样，灰体也是一种理想化的物体。

黑体、灰体和实际物体，它们的光谱吸收比 $\alpha(\lambda)$ 随波长变化的情况用图 4-13 表示。一般工程上遇到的热射线主要能量的波长位于 $0.76 \sim 20\mu m$。在这个范围内，实际物体光谱吸收比的变化不大，即在以上波长范围内工程上用的大多数材料可近似按灰体处理。这给辐射传热计算带来很大方便。

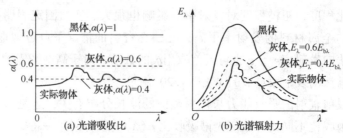

图 4-13 黑体、灰体和实际物体的比较

图 4-13 还示出了三种物体的光谱辐射力随波长的变化情况。光谱辐射力 E_λ 与同温下黑体同一波长的光谱辐射力 $E_{b\lambda}$ 之比为光谱发射率 $\varepsilon(\lambda)$。对于灰体。其光谱发射率为常数，即

$$\varepsilon(\lambda) = \frac{E_\lambda}{E_{b\lambda}} = \varepsilon = 常数 \tag{4-20}$$

4.3.3　基尔霍夫定律

前面介绍了实际物体的辐射和吸收的性质，基尔霍夫定律揭示了实际物体辐射力 E 与吸收比 α 间的关系。

图 4-14 表示两个距离很近的平行大平壁，一个平壁上的辐射能几乎全部落到另一个平壁上。设平壁 1 为黑体，温度为 T_1，表面辐射力为 E_{b1}。平壁 2 为任意平壁，表面辐射力为 E_2，吸收比为 α_2，温度为 T_2。现在来考虑平壁 2 辐射能量的收支情况：平壁 2 本身向外发出辐射能 E_2，全部落到平壁 1 上并全部被吸收；平壁 1 发出的辐射能 E_{b1} 全部落到平壁 2

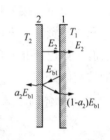

图 4-14　平行平壁间的辐射传热

上，但只被平壁 2 吸收了 $\alpha_2 E_{b1}$，其余部分 $(1-\alpha_2)E_{b1}$ 反射回平壁 1，并全部被平壁 1 吸收。于是，平壁 2、平壁 1 辐射传热的净热流密度为

$$q_{21} = E_2 - \alpha_2 E_{b1}$$

当系统处于热平衡状态，即 $T_1 = T_2 = T$ 时，$q_{21} = 0$，上式变成

$$E_2 = \alpha_2 E_{b1} = \alpha_2 E_{b2}$$

即

$$\frac{E_2}{\alpha_2} = E_{b2}$$

式中，平壁 2 为任意物体，上式写成一般形式为

$$\frac{E_i(T)}{\alpha_i(T)} = E_b(T) \tag{4-21}$$

式（4-21）是基尔霍夫定律的数学表达式。基尔霍夫定律可表述为：在热平衡条件下，任何物体的辐射力与它对黑体辐射的吸收比之比恒等于同温下黑体的辐射力。这个比值仅与热平衡温度有关，与物体本身的性质无关。

从基尔霍夫定律可以得出下面的结沧：

① 辐射力大的物体，对同温下黑体辐射能的吸收比也大，即善于辐射的物体也必善于吸收同温下黑体的辐射能。

② 因为实际物体的吸收 α 小于 1，由式（4-21）可知，实际物体的辐射力 $E(T)$ 小于同温下黑体的辐射力 $E_b(T)$，即同一温度下黑体的辐射力最大。

③ 由基尔霍夫定律式（4-21）和发射率的定义式（4-2）得

$$\alpha(T) = \varepsilon(T) \tag{4-22}$$

这是基尔霍夫定律的另一表达式,可表述为:在与黑体处于热平衡的条件下,任何物体对黑体辐射的吸收比等于同温下该物体的发射率。

④ 对于光谱辐射有

$$\alpha(\lambda, T) = \varepsilon(\lambda, T) \tag{4-23}$$

而不需附加其他条件。

对于灰体,光谱吸收比与波长尤关,从基尔霍夫定律可得出以下结论:

① 灰体的吸收比与投射辐射的波长分布无关,即只取决于本身情况而与外界条件无关。所以,对于灰体,不论投射辐射源是否与灰体处于热平衡,也不论辐射源是否是黑体,灰体的吸收比恒等于同温下本身的发射率。一般工程材料在红外线范围内都可近似按灰体处理,因而可直接采用式(4-22),这给工程辐射传热条件下吸收比的确定带来很大的方便。只要从资料上查出其发射率,即得灰体同温下的吸收比。但必须再强调下,研究太阳辐射时,如也照此办理,将会造成很大的误差,因为在太阳能波长范围内,一般物体不能近似按灰体处理。

② 由灰体的定义,$\alpha(T) = \alpha(\lambda, T) = $ 常数。考虑式(4-22)和式(4-23)得

$$\varepsilon(T) = \varepsilon(\lambda, T) = 常数 \tag{4-24}$$

图4-13中的灰体光谱辐射力曲线就是根据式(4-24)绘制的,即由黑体的光谱辐射力按同一比例缩小。

【例4-1】 假定人体皮肤表面温度为35℃,求人体皮肤的辐射力。

解:35℃的人体皮肤可近似按灰体处理。查附录可知,此时人体皮肤的发射率为 $\varepsilon = 0.98$,则人体皮肤的辐射力为

$$E = \varepsilon E_{\mathrm{b}} = \varepsilon c_{\mathrm{b}} \left(\frac{T}{100}\right)^4 = 0.98 \times \frac{5.67\mathrm{W}}{\mathrm{m}^2 \cdot \mathrm{K}^4} \times \left(\frac{273+35}{100}\right)^4 \mathrm{K}^4 = 500\mathrm{W/m}^2$$

注意:计算得到的人体皮肤辐射力 $E = 500\mathrm{W/m}^2$ 不是人体散热量。人体皮肤向外界辐射能量的同时,还吸收周围物体辐射给它的辐射能,其净热流量为人体与周围物体的辐射传热量。此外,人体散热量不仅包括人体与周围物体的辐射传热量,还包括人体与周围空气的对流传热量。

4.3.4 太阳辐射

(1) 太阳辐射

太阳是一个巨大的热辐射体,其直径为 $1.393 \times 10^9\mathrm{m}$,是地球的109倍。太阳与地球之间的平均距离为 $1.5 \times 10^{11}\mathrm{m}$。太阳能是一种无污染的清洁能源,它的利用越来越受到世界各国的重视。我国幅员辽阔,太阳能资源十分丰富。虽然太阳发出的能量大约只有二十二亿分之一到达地球,但平均每秒钟照射到地球上的能量远远高于全球能源的总消费量。因此太阳能的合理利用将是解决世界能源问题的有效途径之一。与一般工程技术问题中所碰到的热辐射相比,太阳辐射有它的特点。为了更有效地利用太阳能,提高经济性,认识这些特点是十分必要的。本节中将简要讨论以下问题:达到地球表面的太阳辐射有多大?太阳能在从太空穿过大气层面到达地球表面的过程中会遇到哪些吸收与削弱影响?太阳的辐射

能中各种波长能量的分布如何？

太阳是个炽热的气团，它的内部不断地进行着核聚变反应，由此产生的巨大能量以辐射力方式向宇宙空间发射出去。到达地球大气层外缘的能量（即太阳的入射能），它近似于温度为5762K的黑体辐射。其99%的能量集中在 $\lambda = 0.2 \sim 3\mu m$ 的短波区域，最大能量位于 $0.48\mu m$ 的波长处。

地球的直径为 $1.28 \times 10^7 m$，据估算照射到地球上的太阳辐射能约为 $1.76 \times 10^{17} W$。

1kg 标准煤的发热值是 $29.3 \times 10^6 J$ 因此照射到地球的太阳能相当于每秒钟燃烧 $600 \times 10^4 t$ 标准煤所发出的热量。这是地球上多种能量的来源，充分有效地利用太阳能对于实施能源的可持续发展方针，保持地球的良好生态环境具有重要意义。

（2）太阳能穿过大气层时的削弱

太阳辐射在穿过大气层时要受到大气层的两种削弱作用。第一是包含在大气层中的具有部分吸收能力的气体的吸收，这些气体如臭氧、水蒸气、二氧化碳、各种 CFC 气体等。不同气体吸收不同波长范围的辐射：臭氧对紫外线的削弱特别明显，在可见光的范围内主要是臭氧与氧气的吸收，在红外的范围内则主要是水蒸气与二氧化碳的吸收。第二种减弱作用称为散射。是指对太阳投入辐射的重新辐射，又可分为分子散射与米散射两种。分子散射基本上向整个空间均匀地进行，因此可以说大约一半射向宇宙空间，另一半则到达地面；而米散射是由于大气层中的尘埃与悬浮微粒所造成，它使得辐射能基本沿着投入的方向继续向前传递，因此这部分散射能量可以认为全部到达地球表面上。太阳辐射中没有受到吸收与散射的那部分能量则直接到达地球表面，称为太阳的直接辐射。

我国太阳能资源丰富，全国有三分之二地区全年的日照在 2200h 以上，全年平均可以得到的太阳辐照能量约为 $5.86 \times 10^6 kJ/m^2$。

4.4　辐射传热的计算

本节讨论物体间辐射传热的计算方法，重点是固体表面间的辐射传热。

4.4.1　角系数及确定角系数的方法

有两个任意放置的物体表，表面1发出的辐射能 $J_1 A_1$ 中只有一部分落到表面2上，我们把表面1发出的辐射能中落到表面2上的能量所占的百分数称为表面1对表面2的角系数，记为 $X_{1,2}$。为简化计算，假定物体表面均为漫射表面，且各表面有均匀的有效辐射。这表明，两个表面的温度均匀，发射率均匀，反射比均匀，投射辐射也均匀。这就消除了以上因素分布不均匀带来的复杂性，使角系数成为一个纯几何因素，而仅与物体的形状、大小、距离和位置有关。工程上往往不能都满足上述条件，这时可分别取其相应的平均值，仍认为角系数是一个纯几何因素。相关系数如图4-15~图4-17所示。

角系数是辐射传热计算中一个很重要的物理量，可通过下列方法确定：

① 从角系数的定义出发直接求得。例如非凹物体自身的角系数、同心球中内球对外球的角系数等可直接由角系数定义求得。

② 积分法。由两微元表面间的辐射传热推导出它们间的角系数计算式，经对两表面积分，获得相应两表面间的角系数。此法积分过程复杂，工程上使用不便。

③ 查曲线图。几种典型情况下的角系数已利用积分法求得，并绘成线图供工程计算使用，相关工程手册可查。

④ 代数分析法。利用角系数的特性和已知的角系数，求得未知的角系数。

⑤ 投影法或几何图形法，将辐射面经两次投影后求得角系数。

本书采用从角系数定义求角系数的方法和代数分析法求角系数的方法。下面主要介绍代数分析法。

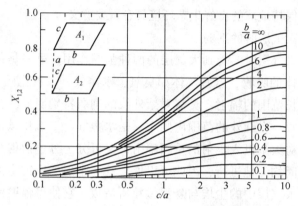

图 4-15　平行长方形表面间的角系数

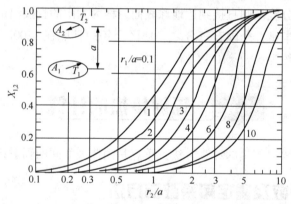

图 4-16　具有公共边且相互垂直的两长方形表面间的角系数

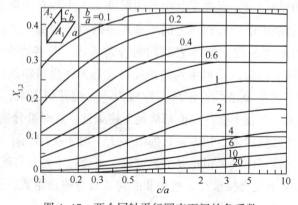

图 4-17　两个同轴平行圆表面间的角系数

4.4.2 角系数的特性

代数法求角系数的基础是角系数的特性。角系数有以下几个特性。

（1）角系数的相对性

当两个黑体表面间进行辐射传热时，表面1辐射到表面2的辐射能为

$$\Phi_{1\to 2} = E_{b1}A_1X_{1,2}$$

表面2辐射到表面1的辐射能为

$$\Phi_{2\to 1} = E_{b2}A_2X_{2,1}$$

两个表面都是黑体，落到表面上的辐射能被全部吸收，所以两个黑体表面间的净辐射传热量为

$$\Phi_{1,2} = \Phi_{1\to 2} - \Phi_{2\to 1} = E_{b1}A_1X_{1,2} - E_{b2}A_2X_{2,1}$$

如两个表面温度相等，则净辐射传热量 $\Phi_{1,2} = 0$。又因 $E_{b1} = E_{b2}$，整理可得

$$A_1X_{1,2} = A_2X_{2,1} = A_e \tag{4-25}$$

式中　A_e——有效辐射面。

这就是角系数的相对性。

由于角系数是纯几何因素，与是否是黑体无关，因此式（4-25）也适用于其他漫射表面。由上述可见，已知一个角系数，可以很方便地利用相对性求得相应的另一个角系数。

（2）角系数的完整性

对于由 n 个表面组成的封闭系统，根据能量守恒定律，任何一表面发出的总辐射能必全部落到组成封闭系统的 n 个表面（包括该表面）上。因此，任一表面对各表面的角系数之间存在着下列关系：

$$X_{i,1} + X_{i,2} + \cdots + X_{i,i} + \cdots + X_{i,n} = \sum_{j=1}^{n} X_{i,j} = 1 \tag{4-26}$$

这就是角系数的完整性。

（3）角系数的可加性

考虑如图4-18所示表面1对表面2的角系数。由于从表面1落到表面2上的总能量等于落到表面2上各部分的辐射能之和，于是有

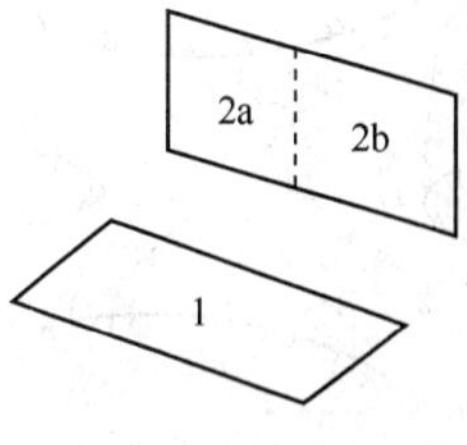

$$E_{b1}A_1X_{1,2} = E_{b1}A_1X_{1,2a} + E_{b1}A_1X_{1,2b}$$

等式两端同除以 $E_{b1}A_1$ 得

图4-18　角系数的可加性

$$X_{1,2} = X_{1,2a} + X_{1,2b} \tag{4-27}$$

注意：利用角系数可加性，只有对角系数符号中第二个角码是可加的，对角系数符号中的第一个角码则不存在类似于式（4-27）这样的关系。由于从表面2发出落到表面1上的总辐射能，等于从表面2的各个组成部分发出而落到表面1上的辐射能之和，对图4-18所示情况可得

$$A_2X_{2,1} = A_{2a}X_{2a,1} + A_{2b}X_{2b,1} \tag{4-28}$$

角系数的上述特性可以用来求解许多情况下两表面间的角系数的值，下面来讨论角系数的计算问题。

4.4.3　用代数分析法求角系数

代数分析法是利用角系数的以上特性，通过代数运算求所需角系数的方法。采用代数分析法时，除必须满足角系数所要求的两个条件外，还必须另外满足两个要求，即各表面都是不透明的和表面间的介质是透明的。

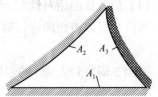

图 4-19　三个非凹表面组成的封闭辐射系统

一个由三个非凹表面组成的系统在垂直于纸面的方向上足够长（图 4-19），因而从系统两端开口逸出的辐射能可略去不计（近似封闭系统）。设三个表面的面积分别为 A_1、A_2 和 A_3，由角系数的相对性和完整性可写出：

$$X_{1,2}+X_{1,3}=1$$
$$X_{2,1}+X_{2,3}=1$$
$$X_{3,1}+X_{3,2}=1$$
$$A_1X_{1,2}=A_2X_{2,1}$$
$$A_1X_{1,3}=A_3X_{3,1}$$
$$A_2X_{2,3}=A_3X_{3,2}$$

这是一个六元一次方程组，有 6 个未知数，所以可以全部解出，例如

$$X_{1,2}=\frac{A_1+A_2-A_3}{2A_1}=\frac{l_1+l_2-l_3}{2l_1} \tag{4-29}$$

式中　l——表面与纸面交线的长度。

类似地可求得 $X_{1,3}$ 和 $X_{2,3}$。由于表面都是非凹的，各表面发出的辐射能不会落到自身表面上，所以自身的角系数

$$X_{1,1}=X_{2,2}=X_{3,3}=0$$

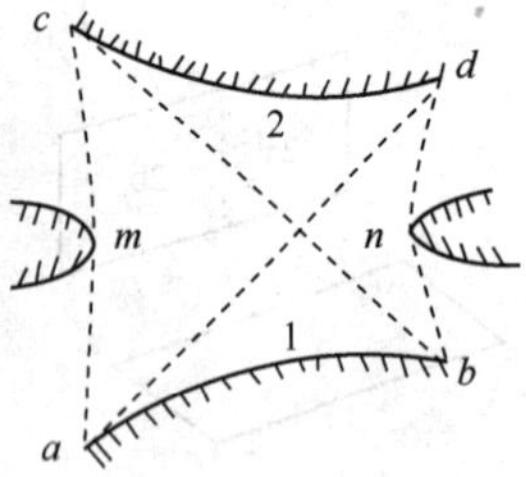

又如，两个可以相互看得见的非凹形表面，在垂直于纸面的方向上无限长，如图 4-20 所示，面积分别为 A_1 和 A_2，求角系数 $X_{1,2}$。因为只有封闭系统才能应用角系数的完整性，为此作无限长假想面 amc 和 bnd 使系统封闭（amc 和 bnd 必须紧绷，且不穿过任何物体）。由图可写出以下关系式：

$$X_{1,2}=X_{ab,cd}=1-X_{ab,amc}-X_{ab,bnd} \tag{4-30}$$

图 4-20　两个无限长相对表面间的角系数

利用式（4-29）可得

$$X_{ab,amc}=\frac{ab+amc-bc}{2ab} \tag{4-31}$$

$$X_{ab,bnd}=\frac{ab+bnd-ad}{2ad} \tag{4-32}$$

式（4-31）与式（4-32）代入式（4-30）得

$$X_{1,2}=X_{ab,cd}=\frac{(bc+ad)-(amc+bnd)}{2ab} \tag{4-33}$$

或写成 $$X_{1,2}=\frac{交叉线之和-非交叉线之和}{2\times 表面1的断面长度}\tag{4-34}$$

以上方法称为交叉线法。

【例 4-2】 直径 D 等于高度 H 的空心圆柱盒如图 4-21 所示，求盒盖对侧壁的角系数 $X_{1,3}$。

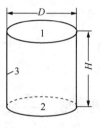

图 4-21 例题 4-2 附图

解：查图 4-16 得

$$\frac{r_1}{a}=\frac{r_2}{a}=\frac{D/2}{H}=0.5$$

$$X_{1,2}=0.16$$

则有

$$X_{1,3}=1-X_{1,2}=0.84$$

4.5 综合传热问题分析

4.5.1 两表面封闭系统的辐射传热

灰体表面间的辐射传热比较复杂。灰体表面不仅发出发射辐射，还有灰体表面间的多次反射辐射。虽然利用有效辐射会使问题简化，但有效辐射往往是未知量，所以必须先设法求得各灰体表面的有效辐射 J_i，再求各灰体表面的辐射传热量。辐射网络法是求解 J_i 的简便方法，而且可用计算机计算。对于一些简单的辐射传热问题，可由辐射网络法直接导出辐射传热量的计算式。

为简化分析，假设各灰体表面的有效辐射均匀，且是具有漫射性质的非透明灰体，同时灰体表面间充满不参与辐射和吸收的透明介质。

（1）组成辐射网络的基本热阻

① 表面辐射热阻

对于任一表面 i，从物体内部看如图 4-22 所示，其单位表面积向外界发出的辐射能为 E_i，吸收的辐射能为 $\alpha_i G_i$（G_i 为外界对表面 i 的投射辐射）。因此，表面 i 辐射出去的净热流量为

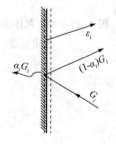

$$\Phi_i=E_i A_i-\alpha_i G_i A_i\tag{4-35}$$

另一方面，从物体外部看，表面 i 的单位表面积接受的辐射能为 G_i，向外界发出的辐射能为

图 4-22 表面的辐射传热

$$J_i=E_i+\rho_i G_i=E_i+(1-\alpha_i)G_i\tag{4-36}$$

表面 i 辐射出去的净热流量为

$$\Phi_i=J_i A_i-G_i A_i\tag{4-37}$$

联立式（4-35）和式（4-37），消去 G_i 得

$$\Phi_i = \frac{E_i A_i - \alpha_i J_i A_i}{1-\alpha_i} \tag{4-38}$$

联立式(4-35)和式(4-36)，消去 G_i 得

$$J_i = \frac{E_i}{\alpha_i} - \left(\frac{1}{\alpha_i}-1\right)\frac{\Phi_i}{A_i} \tag{4-39}$$

由于 $E_i = \varepsilon_i E_i$，对于灰体 $\alpha_i = \varepsilon_i$，式(4-38)变成

$$\Phi_i = \frac{\varepsilon_i E_{bi} A_i - \varepsilon_i J_i A_i}{1-\varepsilon_i} = \frac{E_{bi}-J_i}{\dfrac{1-\varepsilon_i}{\varepsilon_i A_i}} \tag{4-40}$$

发射率 ε_i 趋近于 1 或表面积 A_i 趋于无限大时，$\dfrac{1-\varepsilon_i}{\varepsilon_i A_i}$ 趋近于零。由此可见，$\dfrac{1-\varepsilon_i}{\varepsilon_i A_i}$ 是因为表面的发射率不等于 1 或表面面积不是无限大而产生的热阻，即由表面的因素产生的热阻，所以称为表面辐射热阻。

② 空间辐射热阻

由灰体表面 i 和表面 j 辐射换热计算式得

$$\Phi_{i,j} = J_i A_i X_{i,j} - J_j A_j X_{j,i} = J_i A_i X_{i,j} - J_j A_i X_{i,j} = \frac{J_i - J_i}{\dfrac{1}{A_i X_{i,j}}} \tag{4-41}$$

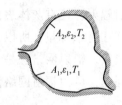

图 4-23 两个灰体表面组成的
封闭系统

式中 $\dfrac{1}{A_i X_{i,j}}$ ——灰体表面 i 的有效辐射面积 $A_i X_{i,j}$ 为有限大时而产生的空间辐射热阻(或称几何热阻)。

(2)两灰体表面组成的封闭系统辐射传热

两个灰体表面组成的封闭系统的辐射传热，是灰体辐射传热最简单的例子，如图 4-23 辐射热阻，$\dfrac{1}{A_1 X_{1,2}}$ 为表面 1 与表面 2 辐射传热的空间辐射热阻。根据图 4-23 中的辐射传热网络图，并应用 $\Phi_1 = -\Phi_2$，两个灰体表面的辐射传热量可表示为

$$\Phi_{1,2} = \Phi_1 = -\Phi_2 = \frac{\sigma_b(T_1^4 - T_2^4)}{\dfrac{1-\varepsilon_1}{\varepsilon_1 A_1} + \dfrac{1}{A_1 X_{1,2}} + \dfrac{1-\varepsilon_2}{\varepsilon_2 A_2}} \tag{4-42}$$

【例 4-3】 长 0.5m、宽 0.4m、高 0.3m 的小炉窑，窑顶和四周壁面温度为 300℃，发射率为 0.8；窑底温度为 150℃，发射率为 0.6。试计算窑顶和四周壁面对底面的辐射传热量。

解：炉窑有 6 个面，但窑顶及四周壁面的温度和发射率相同，可视为表面 1，而把底面作为表面 2。问题就简化为两个物体组成的封闭系统的辐射传热。

$$A_1 = 0.4\text{m}×0.5\text{m}+0.4\text{m}×0.3\text{m}×2+0.5\text{m}×0.3\text{m}×2 = 0.74\text{m}^2$$

$$\varepsilon_1 = 0.8$$
$$A_2 = 0.4\text{m} \times 0.5\text{m} = 0.2\text{m}^2$$
$$\varepsilon_2 = 0.6$$

由题意，$X_{2,1} = 1$，则

$$X_{1,2} = X_{2,1}\frac{A_2}{A_1} = 1 \times \frac{0.2}{0.74} = 0.27$$

$$\Phi_{1,2} = \frac{\sigma_b(T_1^4 - T_2^4)}{\dfrac{1-\varepsilon_1}{\varepsilon_1 A_1} + \dfrac{1}{A_1 X_{1,2}} + \dfrac{1-\varepsilon_2}{\varepsilon_2 A_2}} = \frac{c_b A_1\left[\left(\dfrac{T_1}{100}\right)^4 - \left(\dfrac{T_2}{100}\right)^4\right]}{\dfrac{1-\varepsilon_1}{\varepsilon_1} + \dfrac{1}{X_{1,2}} + \dfrac{1-\varepsilon_2}{\varepsilon_2} \cdot \dfrac{A_1}{A_2}}$$

$$= \frac{5.67 \times 0.74 \times \left[\left(\dfrac{300+273}{100}\right)^4 - \left(\dfrac{150+273}{100}\right)^4\right]}{\dfrac{1-0.8}{0.8} + \dfrac{1}{0.27} + \dfrac{1-0.6}{0.6} \times \dfrac{0.74}{0.2}} = 495.3\text{W}$$

（3）遮热板

当两个物体进行辐射传热时，如在它们之间插入一块薄板(本身导热热阻可以忽略，但此时被它隔开的两个物体相互看不见)，则可使这两个物休间的辐射传热量减少，这时薄板称为遮热板。未加遮热板时，两个物体间的辐射热阻为两个表面辐射热阻和一个空间辐射热阻。加遮热板后，将增加两个表面辐射热阻和一个空间辐射热阻。因此总的辐射传热热阻增加，物体间的辐射传热量减少。这就是遮热板的工作原理。现以在两个大平行平板之间插入遮热板为例，说明遮热板对辐射传热的影响。大平行平板间插入薄金属板前后的辐射网络如图4-24所示。

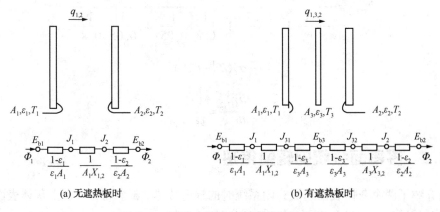

(a) 无遮热板时　　　　　　　　(b) 有遮热板时

图4-24　两个灰体表面组成的封闭系统

由于平板无限大，角系数相似约等于1且面积相等则插入金属板前后辐射传热的变化如下：

无遮热板时

$$\Phi_{1,2} = \frac{\sigma_b(T_1^4 - T_2^4)}{\dfrac{1-\varepsilon_1}{\varepsilon_1 A_1} + \dfrac{1}{A_1 X_{1,2}} + \dfrac{1-\varepsilon_2}{\varepsilon_2 A_2}} = \frac{\sigma_b(T_1^4 - T_2^4)A}{\dfrac{1}{\varepsilon_1} + \dfrac{1}{\varepsilon_2} - 1}$$

加一层遮热板时

$$\Phi_{1,2} = \Phi_1 = -\Phi_2 = \cfrac{E_{b1} - E_{b2}}{\cfrac{1-\varepsilon_1}{\varepsilon_1 A_1} + \cfrac{1}{A_1 X_{1,3}} + \cfrac{1-\varepsilon_3}{\varepsilon_3 A_3} + \cfrac{1-\varepsilon_3}{\varepsilon_3 A_3} + \cfrac{1}{A_3 X_{3,2}} + \cfrac{1-\varepsilon_2}{\varepsilon_2 A_2}}$$

$$= \cfrac{\sigma_b(T_1^4 - T_2^4)A}{\cfrac{1}{\varepsilon_1} + \cfrac{1}{\varepsilon_3} - 1 + \cfrac{1}{\varepsilon_3} + \cfrac{1}{\varepsilon_2} - 1} \qquad (4\text{-}43)$$

用同样的方法可得出，在两块大平行平板间插入 n 块发射率相同的遮热板（薄金属板）时的辐射传热热流量，为无遮热板时辐射传热热流量的 $1/(n+1)$。

由式(4-43)可知，要提高遮热板的遮热效果，还可以采用低表面发射率的遮热板。工程上，遮热原理已得到广泛应用，例如：为减少打开的炉门对人体的辐射传热，可在炉门和人之间加铁板；为减少热电偶对锅炉水冷壁的辐射传热，可采用遮热罩式热电偶。又如，超级隔热材料采用多层铝箔做遮热板，并使之处于真空状态。以减少导热和对流引起的传热，其表观热导率可低达 $10^{-5} \sim 10^{-4} \text{W}/(\text{m} \cdot \text{K})$ 的数量级。

【例4-4】 在两块发射率均为0.8的大平板间插入一块发射率为0.05的薄金属板，试求金属板的遮热作用。

解：无遮热板时的热流量为

$$\Phi_{1,2} = \cfrac{\sigma_b(T_1^4 - T_2^4)A}{\cfrac{1}{\varepsilon_1} + \cfrac{1}{\varepsilon_2} - 1} = \cfrac{\sigma_b(T_1^4 - T_2^4)A}{\cfrac{1}{0.8} + \cfrac{1}{0.8} - 1} = \cfrac{2}{3}\sigma_b(T_1^4 - T_2^4)A$$

有遮热板时的热流量为

$$\Phi_{1,3,2} = \cfrac{\sigma_b(T_1^4 - T_2^4)A}{\cfrac{1}{\varepsilon_1} + \cfrac{1}{\varepsilon_3} - 1 + \cfrac{1}{\varepsilon_3} + \cfrac{1}{\varepsilon_2} - 1} = \cfrac{\sigma_b(T_1^4 - T_2^4)A}{\cfrac{1}{0.8} + \cfrac{1}{0.05} - 1 + \cfrac{1}{0.05} + \cfrac{1}{0.8} - 1}$$

$$= \cfrac{2}{81}\sigma_b(T_1^4 - T_2^4)A$$

$$\cfrac{\Phi_{1,3,2}}{\Phi_{1,2}} = \cfrac{1}{27}$$

4.5.2 多表面系统的辐射传热

前面介绍了两个灰体表面组成封闭系统时的辐射传热。3个和3个以上灰体表面组成封闭系统时的辐射传热要复杂得多，但仍可用网络法求解。

工程上常关注的问题是，表面维持某一温度需提供或吸取多少热流量，即该表面与外界辐射传热放出或吸收多少热流量，所以必须计算该表面与其他各表面（与该表面组成封闭系统）辐射传热的净热流量。如这些表面并未组成封闭系统，则需用假想面与这些表面构成封闭系统（含近似封闭系统）。由于穿过假想面的辐射能进入周围环境，几乎不通过假想面返回系统中，所以假想面一般被认为是温度为环境温度（房间里为室温）的黑体。

用辐射网络法求解多个灰体组成封闭系统时辐射传热的步骤如下：

① 分析这些灰体表面是否组成封闭系统(或近似封闭系统)。如没有，则作假想面构成封闭系统。

② 分析系统中哪些表面间有辐射传热。

③ 画出辐射网络图。

④ 由辐射网络图，参照电学上的基尔霍夫定律(稳态时流入节点的热流量之和等于零)，写出各节点 J_i 的方程。

⑤ 求各表面的辐射力 E_{bi} 和角系数 $X_{i,j}$。

⑥ 将 E_{bi} 和 $X_{i,j}$ 代入节点方程组。

⑦ 计算各表面的有效辐射 J_i。

⑧ 利用 $\Phi_i = \dfrac{E_{bi} - J_i}{\dfrac{1 - \varepsilon_i}{\varepsilon_i A_i}}$ 求得个表面的总辐射传热热流量。

【例 4-5】 有两个直径为 2m 的平行圆板，间距为 1m，温度分别为 $t_1 = 500℃$、$t_2 = 200℃$，发射率分别为 $\varepsilon_1 = 0.3$、$\varepsilon_2 = 0.6$。若把它们放在壁温 $t_3 = 20℃$ 的大房间里，试求每个圆板的辐射传热量。

解：用假想面 A_3 与两平行圆板组成封闭系统。两平行圆板辐射到房间的辐射能很少返回，所以可认为 A_3 为黑体。

作辐射网络图如图 4-25 所示。有分析可知，A_3 的表面热阻 $\dfrac{1 - \varepsilon_3}{\varepsilon_3 A_3} = 0$，则 $J_3 = E_{b3}$。

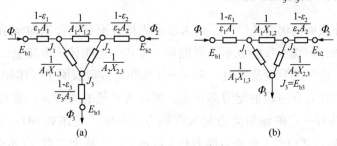

图 4-25　例题 4-5 附图

查图 4-16 得

$$\frac{r_1}{a} = \frac{r_2}{a} = 1$$

$$X_{1,2} = X_{2,1} = 0.38$$

$$X_{2,3} = X_{1,3} = 1 - X_{1,2} = 0.62$$

由图 4-25 写节点方程为

$$\frac{E_{b1} - J_1}{\dfrac{1 - \varepsilon_1}{\varepsilon_1 A_1}} = \frac{J_2 - J_1}{\dfrac{1}{A_1 X_{1,2}}} = \frac{J_3 - J_1}{\dfrac{1}{A_1 X_{1,3}}} = 0$$

$$\frac{E_{b2} - J_2}{\dfrac{1 - \varepsilon_2}{\varepsilon_2 A_2}} = \frac{J_1 - J_2}{\dfrac{1}{A_1 X_{1,2}}} = \frac{J_3 - J_2}{\dfrac{1}{A_2 X_{2,3}}} = 0$$

$$J_3 = E_{b3}$$

由已知条件求黑体辐射力得

$$E_{b1} = \sigma_b T_1^4 = 5.67 \times 10^{-8} W/(m^2 \cdot K^4) \times (500+273)^4 K^4 = 20244 W/m^2$$

$$E_{b2} = \sigma_b T_2^4 = 5.67 \times 10^{-8} W/(m^2 \cdot K^4) \times (500+273)^4 K^4 = 2838 W/m^2$$

$$E_{b3} = \sigma_b T_3^4 = 5.67 \times 10^{-8} W/(m^2 \cdot K^4) \times (500+273)^4 K^4 = 417.9 W/m^2$$

又有 $A_1 = A_2 = \dfrac{\pi}{4} D^2 = \pi \ m^2$

以上数据代入节点方程，解得

$$J_1 = 7018.8 W/m^2$$

$$J_2 = 2873.3 W/m^2$$

则板 1、板 2 的辐射能分别为

$$\Phi_1 = \frac{E_{b1} - J_1}{\dfrac{1-\varepsilon_1}{\varepsilon_1 A_1}} = 17806 W$$

$$\Phi_2 = \frac{E_{b2} - J_2}{\dfrac{1-\varepsilon_2}{\varepsilon_2 A_2}} = -166.3 W$$

4.5.3 气体辐射的特点

前面讨论固体表面间辐射传热时，均未涉及固体表面间的介质对辐射传热的影响，即认为固体表面间的介质既不吸收也不辐射能量，是热的透明体。事实上，不是所有介质都是这样。在工业上常见的温度范围内，单原子气体和对称型双原子气体如 O_2、N_2、H_2 等对热辐射的吸收能力和自身的辐射能力都很弱，可认为是热的透明体；非对称型双原子气体如 CO、NO 等都具有一定的辐射能力和吸收能力；多原子气体如 NO_2、CO_2、H_2O、SO_2、SO_3、CH_4 等一般都具有相当大的辐射能力和吸收能力。工程上，烟气（或燃气）中的二氧化碳和水蒸气是主要的具有辐射能力的气体，它们的辐射和吸收特性对烟气的影响很大。本节将介绍二氧化碳和水蒸气的辐射和吸收特性，并简要介绍与之有关的气体和包壁间的辐射传热。

气体辐射和固体辐射、液体辐时相比，有如下两个特点：

（1）气体的辐射和吸收对波长有明显的选择性

通常固体和液体表面的辐射和吸收光谱是连续的如图 4-10 所示。气体却不同，气体不是对所有波长的辐射能都有辐射能力和吸收能力。它们只能辐射和吸收某些波长范围内的能量，而对于另外一些波长范围内的能量既不能辐射也不能吸收，即气体的辐射光谱和吸收光谱是不连续的。图 4-26 表示厚度不是无限大的气体的辐射和吸收光谱。为了突出气体的这一特点，图中也画出了黑体和灰体的辐射光谱和吸收光谱，图中有阴影线的部分是气体能够辐射和吸收的波长范围。表 4-3 列出了二氧化碳和水蒸气辐射和吸收的三个主要光带。可以发现，它们有部分光带是重叠的。由于气体的选择性吸收，所以不管气体层有多厚，总有一定波长范围的辐射能可以穿透气体。此外，一般情况下也不把气体（不含固体颗粒）当作灰体。

（2）气体的辐射和吸收在整个容积中进行

固体和液体的辐射和吸收都是在表面上进行的。气体则不同，当辐射能投射到气体界面上时，辐射能穿过气体界面进入气体层，并在透过气体层的过程中不断被气体吸收，最后只有部分能量穿透整个气体层，如图4-27（a）所示。当气体层对某一界面辐射时，实际上是整个气体层中各处的气体对该界面辐射的总和，如图4-27（b）所示。这些情况表明，气体辐射和吸收除与其本身性质有关外，还与气体容积的形状和大小有关。

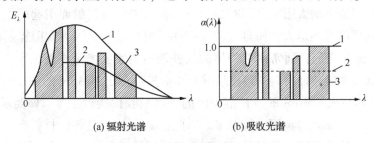

(a) 辐射光谱　　(b) 吸收光谱

图4-26　黑体、灰体和气体的辐射光谱和吸收光谱的比较

1—黑体；2—灰体；3—气体

表4-3　二氧化碳和水蒸气的辐射和吸收光带

光带	CO_2		H_2O	
	波长范围/μm	带宽/μm	波长范围/μm	带宽/μm
第一光带	2.64~2.84	0.20	2.24~3.37	1.13
第二光带	4.01~4.80	0.79	4.80~8.50	3.70
第三光带	12.50~16.50	4.00	12.0~25.0	13.0

4.5.4　辐射传热的控制（强化与削弱）

传热的强化或削弱是工程传热学研究的重要命题，本节将讨论辐射传热的强化与削弱。在一定的表面温度下控制表面间辐射传热量的方法，可以从计算辐射传热的网络法得到启示：控制表面热阻或空间热阻（图4-27）。

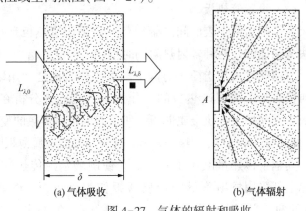

(a) 气体吸收　　(b) 气体辐射

图4-27　气体的辐射和吸收

（1）控制表面热阻

根据表面热阻的定义$\left(\dfrac{1-\varepsilon}{A\varepsilon}\right)$，改变表面热阻可以通过改变表面积$A$或改变发射率来实现。表面积一般由其他条件决定，控制表面发射率是一个有效的方法。值得指出，采用改变表面发射率方法来控制辐射传热量时首先应当改变对换热量影响最大的那个表面的发射率。

当物体的辐射传热涉及温度较低的红外辐射与太阳辐射时，强化或削弱辐射换热需要从控制红外辐射的发射率与对太阳辐射吸收的吸收比同时入手。以平板型太阳能集热器为例，为了吸收尽可能多的太阳能，同时减少吸热板由于自身辐射而引起的损失，吸热板对太阳能的吸收比要尽可能地大，而自身的发射率则要尽量小。因为太阳辐射的主要能量集中在$0.3\sim3\mu m$波长之间，面常温下物体的红外辐射的主要能量在波长大于$3\mu m$的范围，所以在太阳能利用中吸热面材料的理想辐射特性应是：在$0.3\sim3\mu m$的波长范围内的光谱吸收比接近于1，而在大于$3\mu m$的波长范围内的光谱吸收比接近于零。即要求α_s尽可能大，而ε尽可能小。此处ε是常温下的发射率。因此，α_s/ε比值是评价材料吸热性能的重要数据。用人工的方法改造表面，如对材料表面覆盖涂层是提高α_s/ε值的有效手段，近年来获得很大发展。这种涂层称为光谱选择性涂层，如在铜材上电镀黑镍镀层就是一个例子，黑镍镀层的厚度对表面特性有影响。黑镍镀层可使α_s/ε值提高到10左右。采用光谱选择性涂层是提高集热器效率的重要措施。这里要再次说明，不仅人工研制的涂层表面对太阳能的吸收比不等于其自身的发射率，而且一般材料也常是如此。

此外，人造地球卫星为了减少迎阳面（直接受到阳光照射的表面）与背阳面之间的温差，采用对太阳能吸收比小的材料作表面涂层。置于室外的发热设备（如变压器），为了防止夏天温升过高而用浅色油漆作为涂层。这些都是用减少发射率（吸收比）的方法来削弱传热的例子。

（2）控制空间热阻

空间热阻的定义$\left(\dfrac{1}{A_i X_{i,j}}\right)$中面积$A$一般取决于工艺条件，所以改变空间热阻需要调整物体的辐射角系数。例如要增加一个发热表面的散热量，则应增加该表面与温度较低的表面间的辐射角系数。

（3）设置遮热板

图4-28　遮热板

为了削弱两个表面间的辐射传热，采用遮热板是一种非常有效的方法，它能够使两种辐射热阻同时得到大幅度的增加。

所谓遮热板是指插入与两个辐射传热表面之间用以削弱辐射传热的薄板。为了说明遮热板的工作原理，我们来分析在两平行平板1、平板2之间插入一块金属薄板3所引起的辐射传热的变化（图4-28）。

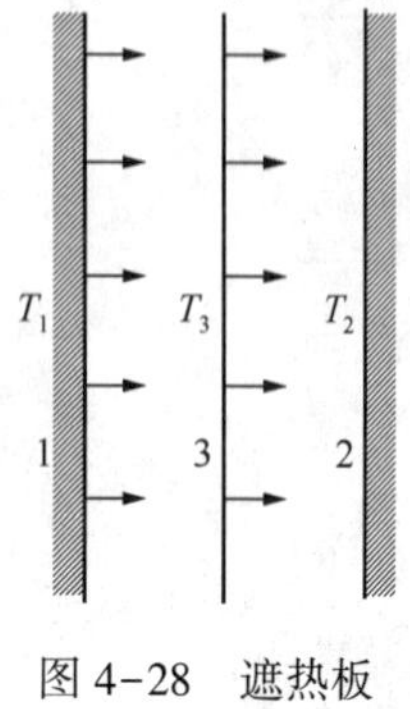

根据式（4-37），当$\varepsilon_1 = \varepsilon_2 = \varepsilon_3$时，与未加金属薄板时的辐射传热相比，其辐射传热量减小了一半。为使削弱辐射传热的效果更为显著，实际上都采用发射率低的金属薄板作为遮热板。例如，在发射率为0.8的两个平行表面之间插入一块发射率为0.05的遮热板，可使辐射

热量减小到原来的 1/27。当一块遮热板达不到削弱换热的要求时，可以采用多层遮热板。

遮热板在工程技术上应用很广，下面是两个应用实例：

遮热板应用于储存液态气体的低温容器，如储存液氮、液氧的容器。为了提高保温效果，这里采用多层遮热板并抽真空的方法。遮热板用塑料薄膜制成，其上涂以反射比很大的金属箔层。箔层厚约 0.01～0.05mm，箔间嵌以质轻且导热系数小的材料作分隔层，绝热层中抽成高度真空。据实测，当冷面（内壁）温度为 20～80K，热面（容器外壁）温度为 300K 时，在垂直于遮热板方向上的导热系数可低达 $5～10×10^{-5}$ W/(m·K)。可见其当量导热阻力是常温下空气的几百倍，故有超级绝热材料之称。

遮热板用于超级隔热油管。世界上有不少石油埋藏于地层下千米乃至数千米处，黏度很大，开采时需注射高温高压蒸汽以使石油稀释。在将蒸汽输送到地面下数千米处的过程中，减少散热损失是重点。超级隔热油管就是采用了类似低温保温容器的多层遮热板并抽真空的方式制造而成的。目前世界上研制成功的这类油管，半径方向的当量导热系数可降低到 0.003W/(m·K)。

拓展阅读——储罐呼吸现象

"小呼吸"损耗，也称为静态损耗，固定顶油罐在没有收发作业、静态储油时，罐内气体空间充满了油气和空气的混合气体。日出后，随着大气温度上升和太阳辐射增强，罐内混合气体和油面温度上升，使混合气体体积膨胀且油品蒸发加剧，而使气体空间压力上升，当罐内压力超过呼吸阀的控制正压，压力阀盘打开，油气混合气体呼出罐外；下午，随着大气温度的降低和太阳辐射的减弱，罐内温度也随之下降，混合气体体积收缩，压力降低，当气体空间压力低于呼吸阀控制负压，真空阀盘开启，吸入空气，新鲜空气的吸入冲淡了罐内气体空间的油气浓度，促使油品加速蒸发，新蒸发的油气又将随次日的呼气逸出罐外。这种油罐静态储油时，由于昼夜温度变化引起油罐呼吸气而造成的油品损耗就称为"小呼吸"损耗。

"大呼吸"损耗：也称为动态损耗，是指当油罐在收油时，油液位不断上升，罐内气体受到压缩而使压力升高，使得呼吸阀打开，混合气体随着液面的不断升高而排出罐外，造成损耗；当油罐在发油时，由于液位不断降，使气体空间的容积不断增大，压力减小，当压力下降到呼吸阀的控制值时，呼吸阀打开，油罐吸入空气，使得气体空间的油品蒸气浓度下降，促使油面进一步蒸发，在结束发油后，罐内压力又逐渐上升，直至向罐外呼出气体，造成油品损耗。

思　考　题

4-1　一个物体，只要温度 $T > 0$K 就会不断地向外界辐射能量。试问它的温度为什么不会因其热辐射而降至 0K？

4-2　什么叫黑体、灰体和白体？它们分别与黑色物体、灰色物体和白色物体有什么区别？

4-3 图所示的黑体模型，空腔表面温度为 T，直径为 D，空腔上小孔直经为 d，其小孔具有黑体性质，试写出小孔单位时间内向外界辐射能景的计算式。

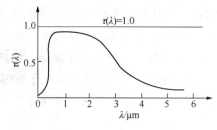

图 4-29 思考题 4-5 附图

4-4 从减少冷藏车冷量损失出发，试分析冷藏车外壳上的油漆颜色深一点好还是浅一点好，为什么？

4-5 厚 1mm 的普通玻璃的光谱透射比如图 4-29 所示，试据此解释玻璃房的"温室效应"。

4-6 普通玻璃能用夹做紫外线和红外线灯的灯泡吗？为什么？

4-7 由于工业迅猛发展，而环境保护又未跟上，工厂向大气中排放的大量 CO_2 使大气层中 CO_2 的含量剧增，形成了类似暖房的"温室效应"使地球变暖。试解释这种温室效应产生的原理。

4-8 为提高太阳能热水器的效率。其受热面上涂有一层黑色涂料。你认为该涂料光谱吸收比随波长变化的最佳曲线是什么？具有黑体性质是否最好，为什么？辐射采暖器表面是否也需涂上这种涂料，为什么？

4-9 北方深秋季节的清晨，树叶上表面常常结霜，下表面往往无霜，为什么？

4-10 夏季室温 25℃ 穿短袖不感觉冷，冬季室温 25℃ 需穿长袖，为什么？

习 题

4-1 平行放置的两块钢板，温度分别保持 500℃ 和 20℃，发射率均为 0.8，钢板尺寸比二钢板间的距离大得多。求二板的辐射力、有效辐射、投射辐射、反射辐射以及它们之间的辐射传热量。

4-2 一只 100W 的白炽灯泡，钨丝温度为 2778K，发射率 $\varepsilon = 0.3$。假定钨丝在整个波长范围内具有灰体性质，试求在波长为 $0.38 \sim 0.76 \mu m$ 的可见光范围内灯丝发射的辐射能在总辐射能中所占的份额。

4-3 太阳与地球的距离为 $1.495 \times 10^8 km$，太阳的半径 $r_1 = 6.95 \times 10^5 km$，地球的半径近似为 $6.38 \times 10^3 km$。试求太阳对地球的角系数 $X_{1,2}$。

4-4 求下列情况下的角系数 $X_{1,2}$（图 4-30）：

① 等腰三角形深孔 300℃ 的底面 1 长 200mm 对 200℃ 的腰侧面 2（顶角 25°）；

② 半球空腔曲面 1 对底面的四分之一缺口 2；

③ 边长 a 的正方体盒的内表面 1 对直径为 a 的内切球面 2；

④ 二平行平面 1、平面 2；

⑤ 无限长半圆柱曲面 1 对无限大平面 2；

⑥ 二无限长方柱体。

4-5 保温（热水）瓶瓶胆是一夹层结构，且夹层表面涂水银，水银层的发射率 $\varepsilon = 0.04$。瓶内存放 $t_1 = 100℃$ 的开水，周围环境温度 $t_2 = 20℃$。设瓶胆内外层的温度分别与水和周围环境温度大致相同，求瓶胆的散热量。如用热导率 $\lambda = 0.04W/(m \cdot K)$ 的软木代替瓶胆夹层保温，问需用多厚的软木才能达到保温瓶原来的保温效果？

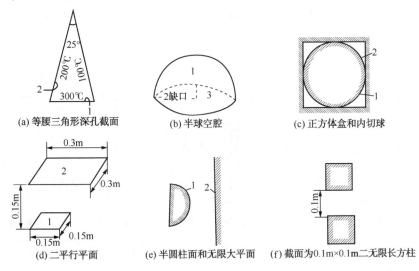

(a) 等腰三角形深孔截面　　　(b) 半球空腔　　　(c) 正方体盒和内切球

(d) 二平行平面　　　(e) 半圆柱面和无限大平面　　　(f) 截面为0.1m×0.1m二无限长方柱

图 4-30　习题 4-4 附图

4-6　有一理想热炉，炉腔长 4m、宽 2.5m、高 3m。炉墙和炉底的内表面温度均为 1300℃，发射率 $\varepsilon = 0.8$。求敞开炉盖的瞬间辐射热损失为多少？若炉口每边缩小 0.2m，其他条件不变，问辐射热损失如何变化？

4-7　炉墙上有一圆柱形观火孔如图 4-31 所示。圆面 1 朝向炉腔，圆面 2 朝向车间，孔的曲面 3 是炉墙上的孔面，并处于辐射热平衡。发射率为 ε_3。试推导炉腔通过观火孔向车间辐射的传热量计算式。如炉腔温度为 1394℃，车间室温为 30℃，炉墙厚为 75mm，孔径 $d = 150mm$，$\varepsilon_3 = 0.51$，求辐射散热量。如将车间温度视为很低，不考虑它辐射给炉腔内的热量，辐射散热量又为多少？

4-8　两个平径为 0.3m、被薄盘隔开的半球罩如图 4-32 所示，半球罩和同盘的结合面基本上完全绝热，且圆盘和半球罩间抽成真空。罩 1 为温度为 550K 的黑体，罩 2 为温度为 350K 的黑体。圆盘的发射率为 0.2，并由导热性良好的材料制成。试计算两个半球罩之间的辐射传热量及圆盘的温度。加圆盘前后两半球罩间的辐射传热量变化如何？

4-9　某车间采暖用的辐射板 A_1（图 4-33）的尺寸为 1.8m×0.75m，水平悬吊在天花板下，板的表面温度 $t_1 = 107℃$，发射率 $\varepsilon_1 = 0.94$。已知辐射板与工作台平行且大小相同，相距 2.5m。工作台温度 $t_2 = 12℃$，发射率 $\varepsilon_2 = 0.9$。车间温度 $t_3 = 7℃$。试求工作台实际得到的热量。

4-10　一平板型太阳能收集器，玻璃对太泪辐射的透射比为 0.85，吸热面涂料对太阳的吸收比为 0.92，发射率为 0.15，表面的对流传热系数为 2.5W/(m²·K)，表面积 20m²。试计算日照为 800W/m² 时的能量收集效率 η。吸热面温度为 60℃，玻璃内表面温度为 30℃。如将冷水从 15℃ 加热到 45℃，每小时可供热水多少？

4-11　在大气层上面测得太阳常数为 1388W/m²，大气的透射比为 0.626。玻璃板对太阳辐射的透射比为 0.85，玻璃内表面温度为 45℃。一面积为 20m² 的平板型集热器对太阳辐射能的吸收比为 0.96，板面的发射率为 0.20，表面温度为 80℃。大气温度为 20℃，天空有效温度为-10℃。集热器表面的自然对流传热系数为3W/(m² · K)，求集热器的效率。如集热器的盖子被打破，吸热表面温度(即涂料表面温度)为68℃，自然对流传热系数增加为6.8W/(m² · K)，其效率下降多少？

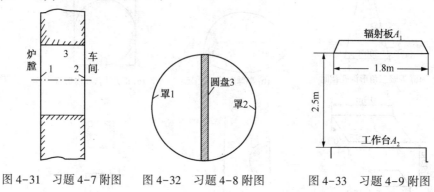

图 4-31　习题 4-7 附图　　图 4-32　习题 4-8 附图　　图 4-33　习题 4-9 附图

4-12　一个储油罐为直径 $d = 10$m 的圆筒。顶部受到太阳的垂直照射，照射强度为 1353W/m²。罐表面涂上白漆，白漆的发射率为 0.92，对太阳辐射的吸收比为 0.12。周围空气温度为 38℃，油罐表面对流传热系数 $h_c = 5$W/(m² · K)。求储油罐顶部温度。如顶部改用发射率为 0.95、对太阳辐射的吸收比为 0.96 的黑灰漆，问罐顶温度增加为多少(忽略顶盖底面的散热)？

5 传热过程

传热过程系指热量从高温流体透过固体壁面传递到低温流体的过程，广泛存在于制药、化工及石油工业等行业的各类传热设备中。无论是设计和选用换热器，还是对现有换热器进行标定，传热过程分析及计算都是对此类设备进行工艺设计的核心内容。因此，本章将介绍热量通过平壁、圆筒壁等在冷热流体间进行交换的基本情况及相应的计算方法，同时还就传热的强化与弱化进行讨论，为换热器选用和设计及装备的保温计算打下传热知识基础。

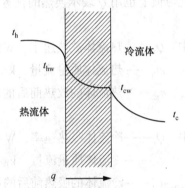

图 5-1　流体通过壁面的传热过程

如图 5-1 所示，流体通过固体壁面的传热过程，通常包括如下几个阶段：首先，热量通过对流的方式由热流体传到高温侧壁面；其次，热量通过传导的方式由固体壁面高温侧传到低温侧；最后，热量通过对流的方式由低温侧壁面传到冷流体。这就是冷热流体的热量交换。同时，使用一段时间后，换热装置的固体壁面两侧会不同程度地结上一层污垢，此时还得考虑热流透过固体壁面两侧的污垢层，也就是考虑污垢热阻。

5.1　传热过程计算

5.1.1　总传热速率方程

总传热速率方程表达式为

$$Q = KA\,\Delta t_m \tag{5-1}$$

式中　Q——总传热速率，W；

K——平均总传热系数，$W/(m^2 \cdot K)$，或 $W/(m^2 \cdot ℃)$；

A——换热面积，m^2；

Δt_m——平均温差，K。

式(5-1)适用于总传热系数 K 可视为为常数情况下 Q 的计算。如果 K 为变量，则需要采用下式进行计算：

$$Q = \int_{A_1}^{A_2} K(t_h - t_c)\,\mathrm{d}A \qquad (5-2)$$

式中　K——局部总传热系数，W/(m²·K)或 W/(m²·℃)；

　　　t_h——该处热流体温度，K；

　　　t_c——该处冷流体温度，K；

　A_1、A_2——传热面起点和终点的面积，m²。

5.1.2　总传热速率方程中各项的计算

（1）总传热速率 Q

对于一个换热装置来说，最理想的运行情况应该是，换热任务（速率）等于总传热速率。因此习惯上也用 Q 表示换热的任务，即单位时间换热量，简称换热量。换热量的计算式为

$$Q_h = m_h(h_{h1} - h_{h2}) \qquad (5-3)$$

式中　Q_h——热流体放热速率，W；

　　　m_h——热流体质量流量，kg/s；

h_{h1}、h_{h2}——热流体的放热前后的焓，J/kg。

$$Q_c = m_c(h_{c2} - h_{c1}) \qquad (5-4)$$

式中　Q_c——冷流体吸热速率，W；

　　　m_c——冷流体质量流量，kg/s；

h_{c1}、h_{c2}——冷流体的吸热前后的焓，J/kg。

对于常见流体，焓 h 可以从热力学手册或附录查得，其差 Δh 也可以通过相变热及显热计算公式得到，即

$$\Delta h = r + c_p \Delta t \qquad (5-5)$$

式中　Δh——单位质量热流体放热或冷流体吸热，W；

　　　r——气液相变热，J/kg；

　　　c_p——流体恒压比热容，J/(kg·K)；

　　　Δt——流体温度的变化，K。

热流体放热速率 Q_h 与冷流体吸热速率 Q_c 之间的关系为

$$Q_h = Q_c + Q_1 \qquad (5-6)$$

式中　Q_1——热损失，W。

式（5-6）表明，热流体放出的热总是大于或等于冷流体吸收的热。而通过固体壁面传递的热，总是等于冷流体所吸的热，因此有

$$Q_h - Q_1 = Q_c = Q \qquad (5-7)$$

当热损失为 0，则热流体放热与冷流体吸热刚好相等。此时热流体放出的热刚好通过固体壁面传给冷流体，于是

$$Q_h = Q_c = Q \qquad (5-8)$$

【例 5-1】　实验中用饱和水蒸气加热原油。已知水蒸气压力为 0.12MPa，冷凝水以饱和水的形式离开换热器返回锅炉；原油初始温度为 28℃，质量流量为 12kg/s，要求出口温

度为 65℃。试计算所需水蒸气流量。已知热损失为蒸汽放热量的 10%，原油定压比热容为 2.05kJ/（kg·℃）。

解：以 m_h 和 m_c 分别代表水蒸气和原油的质量流量，Q_h、Q_c 和 Q_l 分别代表水蒸气放热、原油吸热及热损失，t_{c1} 和 t_{c2} 分别代表原油进出口温度，c_{pc} 代表原油定压比热容。

由附表 7 查得，0.12MPa 饱和水蒸气的冷凝相变焓 r 为：2243.9kJ/（kg）；根据题意，可以应用式(5-6)来解本题，即

$$Q_h - Q_l = Q_c$$

其中

$$Q_h - Q_l = (1.0 - 0.1)Q_h = 0.9 m_h r$$
$$Q_c = m_c c_{pc}(t_{c2} - t_{c1})$$

整理得

$$0.9 \times m_h r = m_c c_{pc}(t_{c2} - t_{c1})$$

代入已知条件 $0.9 \times 2243.9 \times 10^3 m_h = 12 \times 2.05 \times 10^3 (65 - 28)$

得 $m_h = 0.45 \text{kg/s}$

即蒸汽的消耗量为 0.45kg/s。

（2）总传热系数 K

根据本章对传热过程的分析，结合本书前面各章的相关知识，考虑到辐射传热所占比例小，即使有也合并到了相关位置的对流传热中，因而构成总热阻的主要有两侧对流热阻和两侧污垢热阻及固体壁面热阻，如下式：

$$\frac{1}{KA} = \left(\frac{1}{h_1} + R_{S1}\right)\frac{1}{A_1} + \frac{\delta}{\lambda} \times \frac{1}{A_m} + \left(\frac{1}{h_2} + R_{S2}\right)\frac{1}{A_2} \qquad (5-9)$$

或

$$\frac{1}{K} = \left(\frac{1}{h_1} + R_{S1}\right)\frac{A}{A_1} + \frac{\delta}{\lambda} \times \frac{A}{A_m} + \left(\frac{1}{h_2} + R_{S2}\right)\frac{A}{A_2} \qquad (5-10)$$

式中　h_1、h_2——两种流体与壁面间的对流传热系数，W/（m²·K）；

R_{s1}、R_{s2}——壁面两侧的污垢热阻，m²·K/W；

A_1、A_m、A_2——与 K、h_1、δ/λ、h_2 对应的传热面积，m²。

壁面污垢热阻见附表 10。

若热量交换发生在平壁两侧，则 A_1、A_m 和 A_2 相等，且均等于 A，式(5-10)可简化为

$$\frac{1}{K} = \left(\frac{1}{h_1} + R_{S1}\right) + \frac{\delta}{\lambda} + \left(\frac{1}{h_2} + R_{S2}\right) \qquad (5-11)$$

若该平壁换热装置是新的，污垢热阻可以忽略不计，式(5-11)可以进一步简化为

$$\frac{1}{K} = \frac{1}{h_1} + \frac{\delta}{\lambda} + \frac{1}{h_2} \qquad (5-12)$$

若该平壁新换热装置的壁面热阻可以忽略，则式(5-12)还可以简化为

$$\frac{1}{K} = \frac{1}{h_1} + \frac{1}{h_2} \qquad (5-13)$$

若热量交换发生在圆筒壁两侧，由于 $A = \pi d l$，故式(5-10)可化为

$$\frac{1}{K} = \left(\frac{1}{h_1} + R_{S1}\right)\frac{d}{d_1} + \frac{\delta}{\lambda} \times \frac{d}{d_m} + \left(\frac{1}{h_2} + R_{S2}\right)\frac{d}{d_2} \qquad (5-14)$$

式中 d、d_1、d_m和d_2——与K、h_1、δ/λ、h_2对应的曲面直径，m。

通常d_1、d_2视为圆筒壁内经和外径，d_m为圆筒壁内外直径的对数平均值，即

$$d_m = \frac{d_2 - d_1}{\ln\frac{d_2}{d_1}}$$ (5-15)

当$d_2/d_1 < 2$，可以用d_1、d_2的数学平均值取代。

当圆筒壁很薄，式(5-14)可以简化成式(5-12)。实际上，总传热系数分为基于内壁面积的K_1、基于外壁面积的K_2和基于平均壁面积的K_m，以基于内壁面积的K_1为例，其计算式为

$$\frac{1}{K_1} = \left(\frac{1}{h_1} + R_{S1}\right) + \frac{\delta}{\lambda} \times \frac{d_1}{d_m} + \left(\frac{1}{h_2} + R_{S2}\right)\frac{d_1}{d_2}$$ (5-16)

由计算式

$$Q = K_1 A_1 \Delta t_m = K_m A_m \Delta t_m = K_2 A_2 \Delta t_m$$

可以推出K_2和K_m的计算式。

总传热系数可以由式(5-16)计算。此外，只要知道某传热过程换热速率Q、换热面积A、和冷热流体平均温差Δt_m，利用式(5-1)，即可以求得该条件下的总传热系数K。

【例5-2】 某管壳式换热器由$\phi 25 \times 2.5$mm 的钢管组成。热空气流经管程，冷却水在管间与空气呈逆流流动。已知管内侧空气的h_1为 50W/（$m^2 \cdot ℃$），管外侧水的h_2为 1000 W/（$m^2 \cdot ℃$），钢材的λ为 45W/（$m \cdot ℃$）。试求基于管外表面积的总传热系数K_2，及按平壁计的总传热系数。

解：由附表9查得空气侧和水侧的污垢热阻分别为 0.5×10^{-3}（$m^2 \cdot K$）/W 和 0.2×10^{-3} （$m^2 \cdot K$）/W。由式(5-14)可推得

$$\frac{1}{K_2} = \left(\frac{1}{h_2} + R_{S2}\right) + \frac{\delta}{\lambda} \times \frac{d_2}{d_m} + \left(\frac{1}{h_1} + R_{S1}\right)\frac{d_2}{d_1} = \left(\frac{1}{1000} + 0.2 \times 10^{-3}\right) +$$

$$\frac{0.0025}{45} \times \frac{0.025}{(0.020 + 0.025)/2} + \left(\frac{1}{50} + 0.5 \times 10^{-3}\right)\frac{0.025}{0.020} = 0.0269 \ m^2 \cdot K/W$$

所以 $K_2 = 37.2$W/（$m^2 \cdot ℃$）

若按照平壁计算，由式(5-11)得

$$\frac{1}{K} = \left(\frac{1}{h_1} + R_{S1}\right) + \frac{\delta}{\lambda} + \left(\frac{1}{h_2} + R_{S2}\right) = \left(\frac{1}{50} + 0.5 \times 10^{-3}\right) +$$

$$\frac{0.0025}{45} + \left(\frac{1}{1000} + 0.2 \times 10^{-3}\right) = 0.0218 \ m^2 \cdot K/W$$

$$K = 46W/（m^2 \cdot ℃）。$$

可见，按平壁计算所得K值误差还是比较大的，因为

$$\frac{K - K_2}{K_2} \times 100\% = \frac{46 - 37.2}{37.2} \times 100\% = 23.7\%$$

（3）平均温差 Δt_m

任何物理过程均可以表述为：过程速率=过程推动力÷过程阻力。总传热速率方程也是

这样，其中 Q 为总传热过程速率，Δt_m 为过程推动力，而 KA 就是过程阻力。如图 5-2 所示，沿着换热面，冷热流体的温差是变化的。冷热流体在间壁两侧如果流向相反，称之为逆流[图 5-2(a)]，如果流向相同，则称为并流或顺流[图 5-2(b)]。如果其中一侧流体在换热过程中温度不变(只有相变)，那么就无所谓并流和逆流了。

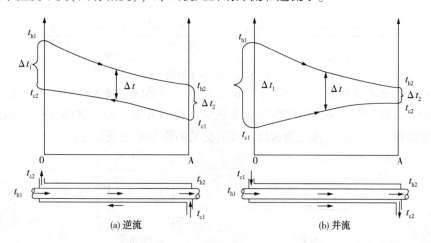

图 5-2　逆流和并流时冷热流体温差示意图

由图 5-2 可以看出，逆流时温差沿传热面有变化，但不会很大；与此相反，并流时温差沿传热面由很大到很小，因此其均值会要明显小一些，这就是实际操作时要求尽可能接近逆流的原因。只有个别情况下，如热敏性物料的加热，为避免该物料长时间受热才采用并流。

若总传热系数 K 可视为常数，经过推导可得出，无论是逆流抑或并流，平均温差 Δt_m 均为换热器两端的热、冷流体温差 Δt_1 和 Δt_2 的对数平均值，即

$$\Delta t_m = \frac{\Delta t_2 - \Delta t_1}{\ln \dfrac{\Delta t_2}{\Delta t_1}} \qquad (5\text{-}17)$$

按照数学推算，当 Δt_1 和 Δt_2 中较大的小于或等于较小的 2 倍时，可以用他们的算术平均值近似代替对数平均值。在图 5-2(a)中，$\Delta t_1 = t_{h1} - t_{c2}$；$\Delta t_2 = t_{h2} - t_{c1}$；而在图 5-2(b)中，$\Delta t_1 = \Delta_{h1} - \Delta_{c1}$；$\Delta t_2 = t_{h2} - t_{c2}$。

下面通过一个实例加以说明。

【例 5-3】　某换热器中冷热两种流体逆流换热。热流体进出口温度分别为 115℃ 和 70℃，冷流体进出口温度分别为 25℃ 和 50℃，试计算逆流时的平均温差。又若冷热流体进出口温度均维持不变，改为并流，此时的平均温差多少？这说明什么？

解：为了计算温差时清晰方便，如图 5-3 所示为冷热流体进出口温度。

根据式(5-17)，可以计算得不同流况的平均温差为

$$\Delta t_{m逆} = \frac{\Delta t_2 - \Delta t_1}{\ln \dfrac{\Delta t_2}{\Delta t_1}} = \frac{45 - 65}{\ln \dfrac{45}{65}} = 54.39℃$$

$$\Delta t_{m\text{并}} = \frac{\Delta t_2 - \Delta t_1}{\ln \frac{\Delta t_2}{\Delta t_1}} = \frac{20-90}{\ln \frac{20}{90}} = 46.54 \text{℃}$$

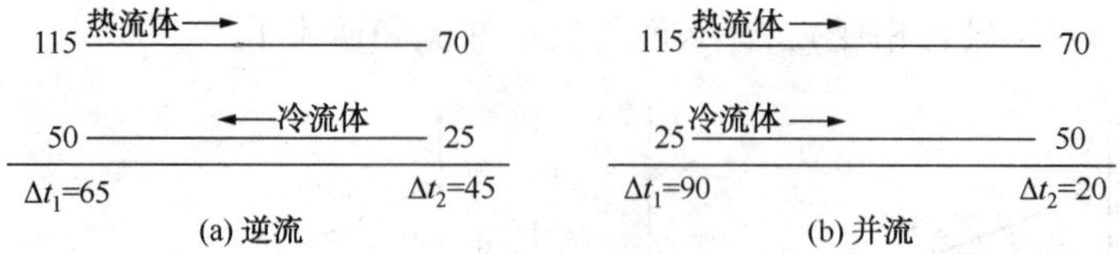

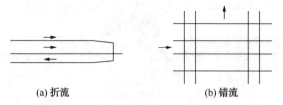

图 5-3　例 5-3 附图

可以看出，逆流时比并流平均温差大出 7.85℃，这意味着逆流时传热推动力大。

现实中大多数冷热流体在间壁两侧既非逆流，亦非并流，而是如图 5-4 所示的各种情况。既有逆流也有并流的，称之为折流；流向交叉的称为错流或叉流。

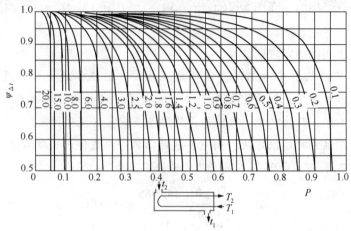

图 5-4　折流和错流

折流和错流的平均温差由逆流平均温差 $\Delta t_{m\text{逆}}$ 乘以一个小于 1 的系数 ψ，即

$$\Delta t_m = \psi \cdot \Delta t_{m\text{逆}} \tag{5-18}$$

ψ 是两个参数 P 和 R 的函数，而 P 和 R 是冷热流体进出口温度的函数，即

$$P = \frac{\text{冷流体的温升}}{\text{冷热流体初温之差}} = \frac{t_{c2} - t_{c1}}{t_{h1} - t_{c1}}, \quad R = \frac{\text{热流体的温降}}{\text{冷流体的温升}} = \frac{t_{h1} - t_{h2}}{t_{c2} - t_{c1}} \tag{5-19}$$

当换热器为 1-$2n$ 型，即 1 壳程，2、4、6、8 管程时，ψ 与 P 和 R 的关系为

$$\psi = \frac{\sqrt{R^2 + 1}}{R - 1} \times \ln\left(\frac{1-P}{1-RP}\right) / \ln\left[\frac{(2/P) - 1 - R + \sqrt{R^2 + 1}}{(2/P) - 1 - R - \sqrt{R^2 + 1}}\right] \tag{5-20}$$

为了方便设计人员快速地查取各种情况下的系数 ψ 值，将 ψ 与 P、R 的关系绘成曲线。现将部分曲线摘录于图 5-5～图 5-10，更多详细的曲线可以查阅相关设计手册等。

图 5-5　1 壳程型换热器的 ψ 与 (P, R) 关系

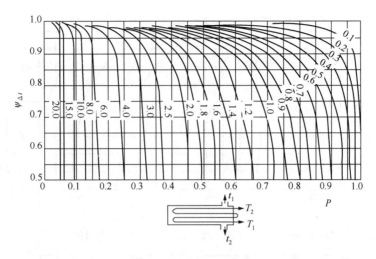

图 5-6　2 壳程型换热器的 ψ 与 (P, R) 关系线

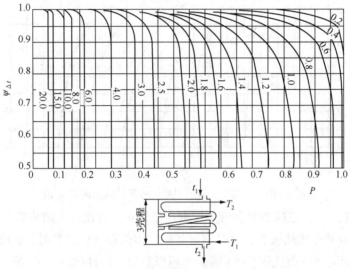

图 5-7　3 壳程型换热器的 ψ 与 (P, R) 关系线

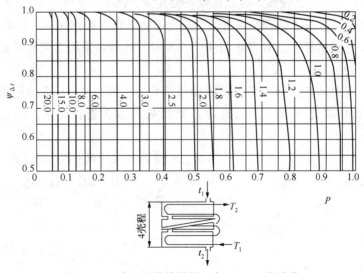

图 5-8　4 壳程型换热器的 ψ 与 (P, R) 关系线

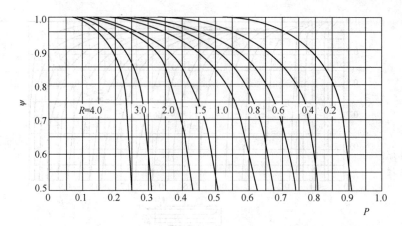

图 5-9 一次交叉流、两种流体各自都不混合时的 ψ 值

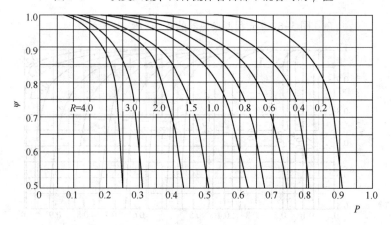

图 5-10 一次交叉流、只有一种流体混合时的 ψ 值

ψ 值大或接近于 1，意味着复杂流更接近逆流形式，有比较大的传热推动力，这对于保证传热速率 Q，或减小传热面积，都是有好处的。因此设计换热器时，ψ 值最好能在 0.9 以上，最小不能小于 0.8。而从图 5-5 ~ 图 5-8 可以看出，同样的 (P, R) 值，当由 1 壳程变为 2 壳程，或由 2 壳程变为 3 壳程，温差系数 ψ 会变大，说明随着壳程数的增加，冷热流体之间越来越趋近逆流。不过 1 壳程意味着不用在壳程装隔板，操作简单，因此设计换热器时，人们总是先按 1 壳程试算，只有当 ψ 值小于 0.8 时，才考虑采用 2 壳程甚至更多(实际是 2 个或以上串联)换热器。

【例 5-4】 某炼油厂供油车间从原油储罐供油时，采用 260℃ 柴油将原油从 15℃ 加热至 60℃，柴油出口温度为 80℃。试考虑换热器采用多少壳程合适，相应的平均温差为多少？

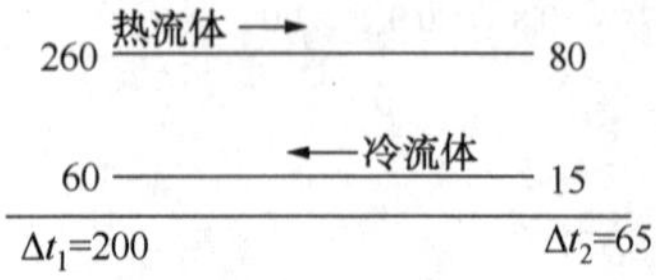

解：先计算逆流时的平均温差(图 5-11)。

260 热流体 ——→ 80

60 ——— ←—冷流体 ——— 15

$\Delta t_1 = 200$ $\Delta t_2 = 65$

图 5-11 例 5-4 附图

$$\Delta t_{m逆} = \frac{\Delta t_1 - \Delta t_2}{\ln \frac{\Delta t_1}{\Delta t_2}} = \frac{200 - 65}{\ln \frac{200}{65}} = 120℃$$

$$P = \frac{45}{245} = 0.184 ; \quad R = \frac{260 - 80}{45} = 4$$

由图 5-5 查得 $\psi = 0.82 > 0.8$

因此可以采用 1 壳程型换热器，平均温差为

$$\Delta t_m = \Delta t_{m逆} \times \psi = 0.82 \times 120 = 98.4℃$$

【例 5-5】 某合成工艺需将原料气由 280℃ 加热到 505℃；加热介质为过热蒸汽，进出口温度分别为 600℃ 和 360℃（图 5-12），考虑换热器采用多少壳程合适，相应的平均温差为多少？

解：先计算逆流时的平均温差：

$$\Delta t_{m逆} = \frac{\Delta t_1 - \Delta t_2}{\ln \dfrac{\Delta t_1}{\Delta t_2}} = \frac{95 - 80}{\ln \dfrac{95}{80}} = 87.2℃$$

$$P = \frac{225}{320} = 0.70 ; \quad R = \frac{240}{225} = 1.1$$

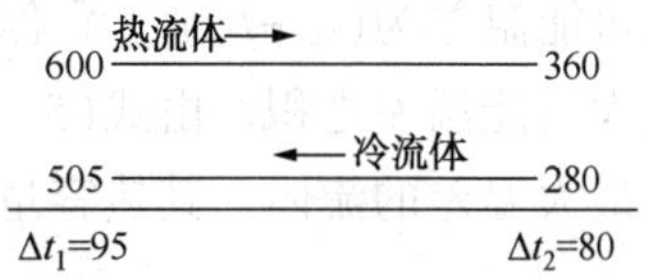

图 5-12 例 5-5 附图

由图 5-7 查得 $\psi = 0.92 > 0.9$；而若查图 5-5 和图 5-6，P 线和 R 线均无交集，说明只能采用 3 壳程型换热器，平均温差为

$$\Delta t_m = \psi \cdot \Delta t_{m逆} = 0.92 \times 87.2 = 80.2℃$$

（4）传热面积 A

传热面积 A 的大小，一定意义上意味着使用传热材料——金属的多少，也就是换热装置的成本大小。当然，采用不同类型的换热装置，同样的金属消耗量，提供的换热面积可能不一样；但不同换热装置在耐压、清洗方便程度等性能也不同。不同的场合选择什么类型的换热装置，基本上是由工艺条件决定的。关于传热面积的计算，如需计算实际具有的面积，则按照下式计算：

$$A = n\pi dL \tag{5-21}$$

式中 n——换热管数；

      d——管径；

      L——换热管有效长度。

如需计算完成一个任务需要的传热面积，通常用下式进行计算，即

$$A = \frac{Q}{K \Delta t_m} \tag{5-22}$$

5.2   传热效率——传热单元数法[*]

上节介绍的总传热速率方程，比较适合换热器的设计计算，即根据传热要求选用、设计一个或一组适用的换热器；若面对一个或一组已知或现成的换热器，来分析其能达到的换热效果，即换热器的操作型计算，则需要用到传热效率-传热单元数法（ε-NTU）。

5.2.1   传热效率 ε

换热器的传热效率 ε 被定义为

$$\varepsilon = \frac{实际的传热量\,Q}{最大可能的传热量\,Q_{\max}}$$

假设换热器没有热损失，换热过程中也没有发生相变，此时有

$$Q = Q_c = Q_h$$

或
$$Q = m_c c_{pc}(t_{c2} - t_{c1}) = m_h c_{ph}(t_{h1} - t_{h2}) \tag{5-23}$$

理论上，只要换热器能提供足够大的传热面积，且某流体流量足够小，则冷流体能被加热到热流体的入口温度t_{h1}，而热流体能被冷却到冷流体的入口温度t_{c1}，因此冷热流体的最大可能温差为$(t_{h1} - t_{c1})$。无论冷热流体，其最大可能的传热量，即为其热容量流率(mc_p)与最大可能温差之积。由式(5-23)可知，不计热损失时热流体放热等于冷流体吸热，于是产生最大温差的流体，其热容量流率(mc_p)必然最小，因此最大可能传热量为

$$Q_{\max} = (mc_p)_{\min}(t_{h1} - t_{c1}) \tag{5-24}$$

式中，下角标 max、min 分别表示最大值与最小值，具有最小值热容量流率的流体被称为最小值流体。冷热流体分别为最小值流体时，热效率分别为

$$\varepsilon_c = \frac{m_c c_{pc}(t_{c2} - t_{c1})}{m_c c_{pc}(t_{h1} - t_{c1})} = \frac{t_{c2} - t_{c1}}{t_{h1} - t_{c1}} \tag{5-25}$$

或
$$\varepsilon_h = \frac{m_h c_{ph}(t_{h1} - t_{h2})}{m_h c_{ph}(t_{h1} - t_{c1})} = \frac{t_{h1} - t_{h2}}{t_{h1} - t_{c1}} \tag{5-26}$$

计算中，如果冷流体的热容量流率较小，它就是最小值流体，便用式(5-25)计算传热效率；反之则用式(5-26)计算传热效率。

5.2.2　传热单元数 *NTU*

由换热器热量衡算式和传热速率微分式：

$$dQ = m_c c_{pc} dt_c = -m_h c_{ph} dt_h = K(t_h - t_c)dA$$

可得到关于冷热流体的相关算式。

对于冷流体，上是可以改写为

$$\frac{dt_c}{t_h - t_c} = \frac{KdA}{m_c c_{pc}}$$

上式的积分即称为传热单元数，即

$$NTU = \int_{t_{c1}}^{t_{c2}} \frac{dt_c}{t_h - t_c} = \int_{A_1}^{A_2} \frac{KdA}{m_c c_{pc}} = \frac{KA}{m_c c_{pc}} = \frac{Kn\pi dL}{m_c c_{pc}} \tag{5-27}$$

由此可以得到换热管的面积和长度为

$$A = \frac{m_c c_{pc}}{K} \int_{t_{c1}}^{t_{c22}} \frac{dt_c}{t_h - t_c} \quad 和 \quad L = \frac{m_c c_{pc}}{n\pi dK} \int_{t_{c1}}^{t_{c2}} \frac{dt_c}{t_h - t_c} \tag{5-28}$$

令式中$\frac{m_c c_{pc}}{n\pi dK}$为基于冷流体的传热单元长度，用$H_c$表示，于是换热管长度就是传热单元长度与传热单元数之积。即

$$L = H_c \times (NTU)_c \tag{5-29}$$

对于热流体，上是可以改写为

$$\frac{-\mathrm{d}t_\mathrm{h}}{t_\mathrm{h}-t_\mathrm{c}}=\frac{K\mathrm{d}A}{m_\mathrm{h}c_{p\mathrm{h}}}$$

上式的积分即称为热流体的传热单元数，即

$$NTU=-\int_{t_{\mathrm{h}1}}^{t_{\mathrm{h}2}}\frac{\mathrm{d}t_\mathrm{h}}{t_\mathrm{h}-t_\mathrm{c}}=\int_{A_1}^{A_2}\frac{K\mathrm{d}A}{m_\mathrm{h}c_{p\mathrm{h}}}=\frac{KA}{m_\mathrm{h}c_{p\mathrm{h}}}=\frac{Kn\pi\mathrm{d}L}{m_\mathrm{h}c_{p\mathrm{h}}} \qquad (5-30)$$

由此可以得到换热管的面积和长度为

$$A=-\frac{m_\mathrm{h}c_{p\mathrm{h}}}{K}\int_{t_{\mathrm{h}1}}^{t_{\mathrm{h}2}}\frac{\mathrm{d}t_\mathrm{h}}{t_\mathrm{h}-t_\mathrm{c}}\text{和}L=-\frac{m_\mathrm{h}c_{p\mathrm{h}}}{n\pi\mathrm{d}K}\int_{t_{\mathrm{h}1}}^{t_{\mathrm{h}2}}\frac{\mathrm{d}t_\mathrm{h}}{t_\mathrm{h}-t_\mathrm{c}} \qquad (5-31)$$

令式中$\dfrac{m_\mathrm{h}c_{p\mathrm{h}}}{n\pi\mathrm{d}K}$为基于热流体的传热单元长度，用$H_\mathrm{h}$表示，于是换热管长度就是传热单元长度与传热单元数之积。即

$$L=H_\mathrm{h}\times(NTU)_\mathrm{h} \qquad (5-32)$$

现结合图 5-13 对传热单元数和传热单元长度进行解释。在 a、b 两个截面热流体与冷流体温差分别为$(t_\mathrm{h}-t_\mathrm{c})_a$和$(t_\mathrm{h}-t_\mathrm{c})_b$。

当两者之差与两截面温差之均值$(t_\mathrm{h}-t_\mathrm{c})_\mathrm{m}$相等时，$a$ 与 b 两截面之间的距离即为 1 个传热单元长度。从 H 的定义式可以看出，传热单元长度与热容量流率成正比，和总传热系数 K 成反比。可见传热单元长度一定意义上反映了传递热容流率(mc_p)与总传热系数 K 的比值。

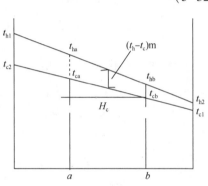

图 5-13 传热单元长度的意义

整个换热器两端口热、冷流体温差即传热推动力之差是上述温差$(t_\mathrm{h}-t_\mathrm{c})_\mathrm{m}$的多少倍，传热单元数就是多少。或者从式(5-27)来理解，也可以表述为

$$NTU=\int_{t_{\mathrm{c}1}}^{t_{\mathrm{c}2}}\frac{\mathrm{d}t_\mathrm{c}}{t_\mathrm{h}-t_\mathrm{c}}=\frac{t_{\mathrm{c}2}-t_{\mathrm{c}1}}{(t_\mathrm{h}-t_\mathrm{c})_\mathrm{m}}$$

即冷流体温升$(t_{\mathrm{c}2}-t_{\mathrm{c}1})$是进出口两截面冷热流体温差均值$(t_\mathrm{h}-t_\mathrm{c})_\mathrm{m}$的多少倍，传热单元数就是多少。传热单元数一定意义上反映了某流体温升或温降的大小。

5.2.3 传热效率与传热单元数的关系

以两流体并流为例来推导 $\varepsilon-NTU$ 关系，逆流时的推导与此类似。并流时的对数平均温差为

$$\Delta t_\mathrm{m}=\frac{(t_{\mathrm{h}1}-t_{\mathrm{c}i})-(t_{\mathrm{h}2}-t_{\mathrm{c}2})}{\ln\dfrac{t_{\mathrm{h}1}-t_{\mathrm{c}i}}{t_{\mathrm{h}2}-t_{\mathrm{c}2}}} \qquad (5-33)$$

将式(5-33)代入式(5-1)并整理得

$$\frac{t_{\mathrm{h}2}-t_{\mathrm{c}2}}{t_{\mathrm{h}1}-t_{\mathrm{c}1}}=\exp\left[-KA\left(\frac{t_{\mathrm{h}1}-t_{\mathrm{h}2}}{Q}+\frac{t_{\mathrm{c}2}-t_{\mathrm{c}1}}{Q}\right)\right] \qquad (5-34)$$

由式(5-23)得

$$\frac{t_{h1}-t_{h2}}{Q}=\frac{1}{m_h c_{ph}}, \quad 和\frac{t_{c1}-t_{c2}}{Q}=\frac{1}{m_c c_{pc}} \tag{5-35}$$

将式(5-35)代入式(5-34)得

$$\frac{t_{h2}-t_{c2}}{t_{h1}-t_{c1}}=\exp\left[-\frac{KA}{m_c c_{pc}}\left(\frac{m_c c_{pc}}{m_h c_{ph}}+1\right)\right] \tag{5-36}$$

若冷流体为最小值流体，则式(5-36)可以表达为

$$\frac{t_{h2}-t_{c2}}{t_{h1}-t_{c1}}=\exp\left[-(NTU)_{min}\left(\frac{C_{min}}{C_{max}}+1\right)\right] \tag{5-37}$$

式中　C_{min}——最小值流体热熔流率；

　　　C_{max}——另一个流体的热熔流率。

又由式(5-23)可以得出

$$t_{h2}=t_{h1}-\frac{m_c c_{pc}}{m_h c_{ph}}(t_{c2}-t_{c1})=t_{h1}-\frac{C_{min}}{C_{max}}(t_{c2}-t_{c1}) \tag{5-38}$$

将式(5-38)代入式(5-36)并根据式(5-25)得

$$\frac{t_{h2}-t_{c2}}{t_{h1}-t_{c1}}=\frac{t_{h1}-\dfrac{C_{min}}{C_{max}}(t_{c2}-t_{c1})-t_{c2}}{t_{h1}-t_{c1}}=\frac{(t_{h1}-t_{c1})-\dfrac{C_{min}}{C_{max}}(t_{c2}-t_{c1})-(t_{c2}-t_{c1})}{t_{h1}-t_{c1}}$$

$$=1-\left[1+\frac{C_{min}}{C_{max}}\left(\frac{t_{c2}-t_{c1}}{t_{h1}-t_{c1}}\right)\right]=1-\varepsilon\left(1+\frac{C_{min}}{C_{max}}\right) \tag{5-39}$$

将式(5-39)代入式(5-38)整理得

$$\varepsilon=\frac{1-\exp\left[-(NTU)_{min}\left(1+\dfrac{C_{min}}{C_{max}}\right)\right]}{1+\dfrac{C_{min}}{C_{max}}} \tag{5-40}$$

若热流体是最小值流体，则

$$(NTU)_{min}=\frac{KA}{m_h c_{ph}}, \quad C_{min}=m_h c_{ph}, \quad C_{max}=m_c c_{pc}$$

便可以推得与式(5-40)相同的结果。

同理，可以推得逆流时的 ε-NTU 关系为

$$\varepsilon=\frac{1-\exp\left[-(NTU)_{min}\left(1-\dfrac{C_{min}}{C_{max}}\right)\right]}{1-\dfrac{C_{min}}{C_{max}}\exp\left[-(NTU)_{min}\left(1-\dfrac{C_{min}}{C_{max}}\right)\right]} \tag{5-41}$$

式(5-40)和式(5-41)即为并流和逆流时的 ε-NTU 关系式。为了方便设计者，把 C_{min}/C_{max} 作为参变量，NTU 作为横坐标，ε 作为纵坐标，将不同情况的 ε-NTU 标绘在直角坐标图上，如图 5-14~图 5-16 所示分别为对应于并流、逆流和折流时的 ε-NTU 关系曲线。

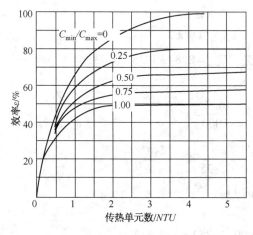

图 5-14 并流时的 ε-NTU 关系曲线　　　　图 5-15 逆流时的 ε-NTU 关系曲线

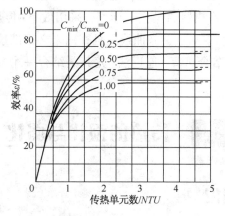

图 5-16 折流时的 ε-NTU 关系曲线

计算时，通常由已知条件可以计算出参变量和横坐标，由相应的曲线图可以查得纵坐标，即传热效率，由式(5-25)或式(5-26)即可以求出某流体的出口温度。

若两流体之一有相变化时，C_{max} 趋于无穷大，此时式(5-40)和式(5-41)可以简化为

$$\varepsilon = 1-\exp\left[-(NTU)_{min}\right] \tag{5-42}$$

当两流体的热容流率相等时，式(5-40)和式(5-41)分别可以简化为

$$\varepsilon = \frac{1-\exp\left[-(NTU)_{min}\right]}{2} \tag{5-43}$$

和

$$\varepsilon = \frac{NTU}{1+NTU} \tag{5-44}$$

【例 5-6】　某逆流套管换热器传热面积为 15.2 m^2，用 112℃的油加热 35℃的水，油和水的质量流量分别为 2.8kg/s 和 0.68kg/s，油和水的平均比热容分别为 1.91kJ/kg·℃ 和 4.18kJ/(kg·℃)，换热时的总传热系数为 325W/(m^2·℃)。试计算水的出口温度和传热量。

解：本题是针对现成换热器，计算其换热效果，显然应该采用 ε-NTU 法。由已知条件可以计算出：

$$m_c c_{pc} = (0.68 \times 4.18) = 2.84 \mathrm{kW/℃}$$
$$m_h c_{ph} = (2.8 \times 1.91) = 5.35 \mathrm{kW/℃}$$

显然水是最小值流体，油是最大值流体，$C_{min}/C_{max} = 2.84 \div 5.35 = 0.53$；

又根据式(5-27)：

$$(NTU)_c = \frac{KA}{C_{min}} = \frac{325 \times 15.2}{2.84 \times 1000} = 1.74$$

由图(5-8)查得 ε 为 0.84，依据式(5-25)有

$$0.84 = \frac{t_{c2} - t_{c1}}{t_{h1} - t_{c1}} = \frac{t_{c2} - 35}{112 - 35}$$

可以算出 $\qquad\qquad\qquad\qquad t_{c2} = 99.7 ℃$

又可计算得 $\qquad Q = C_{min}(t_{c2} - t_{c1}) = 2.84 \times (99.7 - 35) = 183.8 \mathrm{kW}$

即所求冷流体水的出口温度为 99.7℃，总传热量为 183.8kW。

由此例可以看出，对于换热器的操作型计算，采用效率-传热单元数法是非常快捷的。当然，这种算法有赖于应用 ε-NTU 关系曲线，且查图未必很准确。事实上，也可以用总传热量-传热速率方程式法，结合试算-逼近法(尤其是结合一个简单的循环语句)来解此类问题。

5.3 传热的强化与弱化

5.3.1 传热的强化

在工业生产中，尤其是需要加热或冷却某介质时，如何强化传热成为了一个非常重要的课题。成功地实现强化传热，有时甚至决定了某个过程或某种产品能否实现商业化生产的决定性因素。例如空气能热水器的商品化，民用航空器舱内的保温，都是因为空气与金属壁面间的传热得到了强化。传热的强化实际上就是指保证足够大的 Q 值，主要手段有：

(1) 增大传热面积 A

此处所述增大传热面积 A，是指在不增加金属消耗量、保证工艺需要(如耐压、不变形)的前提下，增大传热面积的方法。如第 2 章所介绍的"延伸体"，还有在条件允许的前提下，采用板式换热器，则同样的材料消耗会产生大得多的换热面积，这些都是非常有效的手段。仅仅通过增加换热管数目来实现 A 的增大，只是一种可供考虑的基本手段而已，绝不是优先考虑的。

(2) 增大平均温差 Δt_m

在实现加热或冷却目的的前提下，保证足够大的平均温差 Δt_m 是非常重要的。通常的做法有：尽量使冷热流体的流动接近逆流，或保证温差系数 ψ 不至于太小，如果 ψ 太小，则需要考虑增加壳程数，即增加串联的换热器数目；如果换热的目的是将某热流体冷却到某个温度，那么冷却剂的出口温度不要比入口温度高出太多，如冷却水的出口温度通常比入口温度高 5~10℃；如果换热的目的是将冷流体加热到某个温度，则一方面热流体入口温度

有一定要求，同时其出口温度也不能比入口温度下降过多，如应用饱和水蒸气加热，通常只利用其相变热，也就是热流体进出口温度一致。

当然，限制冷却剂的温升或载热剂的温降，会加大冷却剂或载热剂的消耗，从而加大泵的运转负荷，因此这类问题需要通盘考虑，不可一味强调 Δt_m 值的增大。

（3）增大总传热系数 K

一个换热过程有足够大的总传热系数 K，是外界衡量其合理性的最重要标准。由式（5-11）可以看出，要使总传热系数大，也就是要使总热阻 $1/K$ 小，就得尽量减小壁面两侧的污垢热阻 R_{s1} 和 R_{s2}，同时保证壁面两侧冷热流体有足够大的对流传热系数 h_1 和 h_2。

对前者，无非是设法防止污垢的出现和增厚，其办法有使用干净的冷却剂和载热剂、添加除垢剂，定期清洗等。

对后者，就要分析具体的情况了。与对流传热热阻 $1/h$ 相比，换热壁的导热热阻 δ/λ 是非常小的，为了简化问题，不妨直接用式（5-13）来做分析。式（5-13）可以变为

$$K=\frac{h_1 h_2}{h_1+h_2}$$

当 $h_1 \gg h_2$，或 $h_2 \gg h_1$，则可以得到 $K \approx h_2$ 或 $K \approx h_1$，即 K 总是接近于较小的 h 值，或说总传热系数基本上决定于较小的对流传热系数。此时为了保证有足够大的 K，就必须保证较小的 h 值也足够大。那么怎么保证 h 值呢？

对于管内流体，对流换热通常维持在湍流阶段，也就是式（3-7）所描述的情况，由此式可以得出如下的关系：

$$h \propto \frac{u^{0.8}}{d^{0.2}} \quad \text{或} \quad h=k\frac{u^{0.8}}{d^{0.2}} \tag{5-45}$$

式中　u、d——管内流速和管内径；

　　　　k——常数。

由式（5-45）可以看出，增大管内流体流速和缩小管径，都可以达到增大对流传热系数 h 的目的，但管径通常是确定的标准直径，因此管内流速就成为了可以考虑的因素。不过管内流速的增加会造成换热管压降的增加，因此增大流速的前提是保证管程压降在允许的范围内。

对于壳程流体，调整（缩小）挡板间距通常是有效的增大对流传热系数 h 的手段，但也必须保证壳程压降在允许的范围内。研究表明，换热器的壳程流体由于流动方向不断改变，通常雷诺数 Re 达到数百，即可进入湍流状态。因此，为了保证有较大的 h 值，在确定流体的走向时，应尽量使黏度大的流体走壳程。如果担心黏度大的流体走壳程不便清洗，则可以采用浮头式或 U 形管式换热器。

此外，前面提到的"延伸体"也能在一定程度上加强流体的湍动，强化对流传热。

5.3.2　传热的弱化——保温隔热

工程上传热的弱化，通常是为了给设备保温，防止热损失。例如，部分反应釜、蒸馏塔、储罐、换热器、管道等需要维持明显高于外界的温度。如不加以保温，大量的热量将

通过外壁面散失到环境中。若如此,一方面不能保证工艺的正常运转,另一方面造成生产成本上升和操作人员的不安全。若在工业和建筑中采用良好的保温技术与材料,往往可以起到事半功倍的效果。

保温材料一般是指导热系数小于或等于0.12的材料,选用时除应考虑材料的导热系数外,还应考虑材料的吸水率、燃烧性能、强度等指标。同时,为了使保温材料长期可靠的使用,在保温层的外面还加了一层防护层,还有的防护层与反射层合而为一,如铝箔。这样不仅能保护保温层,防止水分渗入,还使外表整齐美观,并能发挥其反射(热辐射)作用,强化保温。

保温材料分无机类和合成材料类,各自的价格和性能也是有区别的。常用的保温材料有珍珠岩类、玻璃棉类、石棉、硅藻土、海绵、泡沫塑料等,使用者可视具体要求选用。

保温层厚度不能低于临界厚度,所谓临界厚度是指,在小于此厚度前,随着厚度的增加热损失速率会快速增大;只有当超过此厚度了,热损失速率才会随保温层变厚而减小。不过热损失速率随保温层变厚而下降的速度会越来越慢,图5-17清楚地表明了这一点。

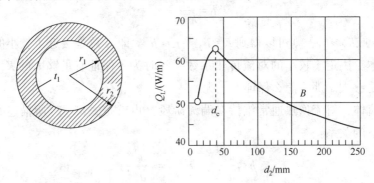

图5-17 保温层热损失速率与外径的关系

热损失速率既可视为通过保温层的导热速率,也等于保温层外表面以对流传热方式向环境传递热量的速率,由此可以得出

$$Q = \frac{t_1 - t_f}{\frac{1}{2\pi\lambda l}\ln\frac{r_2}{r_1} + \frac{1}{2\pi r_2 lh}} \tag{5-46}$$

式中 t_1、t_f——保温层内壁面温度和环境温度;

  l——换热保温层长度;

  h——保温层外对流传热系数;

  r_1、r_2——保温层内镜和外径。

图5-17表明,随着保温层外径增大,热损失速率先增大,到达某最大值后逐步减小。因此可以 Q 对 r_2 求导,并令该导数等于0,得到:

$$r_{2c} = \frac{\lambda}{h}, \quad \text{或} d_{2c} = \frac{2\lambda}{h} \tag{5-47}$$

因此临界厚度为$(r_{2c} - r_1)$。

传热弱化不仅在石油、化工上得到应用,在供暖设施、建筑物保温中应用也很多,其思路和方法值得关注。

输油输气管道,尤其是长输管道,途径区域、路径情况复杂多变,环境(大气、土壤和水体)温度随季节变化大。大多数情况下,为保证管道输送的畅通,不至于发生凝结,或形成固体堵塞物,通常都要在首站和中间站对油品进行加热,同时对管道采取保温,甚至伴热措施。

(1)油气在管道输送过程中必然存在散热问题

之所以需要对油气管道进行保温甚至伴热,是因为所输送流体的温度高于环境温度,于是热量便经过管壁散失于环境。胶质、沥青质和长链石蜡常造成原油在输送过程中的流动性变差,温度较低便发生沉降和胶结,使输送量下降甚至堵塞整个管道,因此像原油、重油之类的高黏、易沉降油品的输送必须保温甚至伴热。成品油和天然气中没有石蜡等易凝、易沉降物质,但在生产加工过程中(如酸洗、碱洗)很难避免水分的残留,天然气加工也不可能做到完全除水,这些残留水分最容易积聚于阀门、弯头等管件处,因为这些地方往往具备流通死角,温度低到零下时水可以结冰,有时在零上若干度可以和甲烷等形成天然气水合物,堵塞管道。较高纬度地区的架空管道和埋地管道,冬季环境温度往往很低;较深的海底管道,环境温度通常低至4℃。

由此可以看出,油气输送管道与它周围的空气、土壤或水体之间有非常明显的温差,有温差必然发生自管道到环境的热量传递,即散热。散热量的估算要考虑传导、对流与辐射的综合效应,可以用经验计算模型,最为可靠的当然是实测,但会影响工作效率。

(2)油气管道常见保温方式

常用的管道保温方式有埋地保温、地上保温和伴热保温等。埋地保温是最常见也最便于保温的一种方式。一是油气管道要穿越沿途的道路、河流、工厂、社区及大片旷野,埋地比架空安全、省地、省工时,二是地层中的温度比大气温度稳定,随天气和季节的变化虽有所变,但变化较小。埋地保温管道需要覆盖保温层,保温层所用材料既要考虑保温效果和成本,也要考虑防止土壤对管道的腐蚀问题。因此设计铺管前,对埋地土壤导热性能、腐蚀性能及地层温度的了解是十分必要的。所有管道总会有部分暴露于地上,因此地上保温也是较为常见的。地上保温最重要的是环境气温的季节性变化调查,这是保温设计的重要依据。海底管道的保温既有环境温度相对稳定的优点,也有海底泥土腐蚀性强、海流对海底的扰动比大气对地面的扰动剧烈得多等问题要考虑。

保温是以减弱传热、减小散热量来达到目的的一种手段,伴热是以增加动态供热的方式来达到目的的另一种手段,保温的管道未必要伴热,但伴热的管道必须要保温。伴热知识将于下一章拓展阅读中介绍,保温即在管道外包装一层导热系数低的所谓保温材料,材料的选择和厚度计算,本书第2章已经有所介绍,更详的资料可查阅相关专业手册。

思 考 题

5-1 局部总传热系数K与平均总传热系数K有什么区别和联系?

5-2 传热负荷与传热速率均用 Q 表示，它们的物理意义有什么区别？发生热交换时，换热器的热负荷与热流体放热、冷流体吸热是什么关系？

5-3 污垢热阻是怎么产生的？怎样减小污垢热阻？

5-4 某实验室通过水蒸气冷凝来加热空气，试问增大总传热系数 K 的最有效办法是什么？

5-5 试分析：设计换热器时，要求温差修正系数 ψ 不小于0.8的原因。

5-6 $\varepsilon\text{-}NTU$ 法是用较少的已知条件解决了换热器的操作计算问题吗？如不是，其巧妙之处在哪里？

5-7 油气工业中常用饱和蒸汽加热某些油品，为了强化传热，是否加热蒸汽压力越高越好？

5-8 常识告诉我们，随着保温层厚度的增加，热损失将减小。为什么正规的电缆却对外包塑胶厚度有要求？

习　题

5-1 在一个浮头式换热器中，用0.25MPa的饱和水蒸气作为加热介质以加热油品。为了保证有足够大的总传热系数，使黏度较大的油品走壳程。油品流量为1.2t/h，平均比热容为1.90kJ/(kg·℃)，进出口温度分别为28℃和98℃，估计热损失为蒸汽放热量的8%，加热介质以饱和水的形式离开换热器，试计算所需饱和蒸汽流量。

5-2 在如下各种管壳式换热器中，某有机液在管内流动并从25℃加热到55℃。加热介质在壳程流动，进出口温度分别为100℃和60℃，试求下例情况下的平均温差。

① 管方和壳方均为单程，二者呈逆流。

② 壳方单程，管方4程，即1-4型。

③ 壳方双程，管方4程，即2-4型。

5-3 在某管壳式换热器中，用20℃的冷水将常压下的纯苯蒸气冷凝为饱和液体。苯蒸气体积流量为1700 m^3/h，常压下苯的沸点为80.1℃，冷凝相变焓为394kJ/kg，冷却水流量为36000kg/h，水的平均比热容为4.18kJ/(kg·℃)，假设总传热系数为435W/(m^2·℃)，试计算换热器面积。热损失可忽略不计。

5-4 在一传热面积为50 m^2的单程管壳式换热器中，用水冷却某油品。两流体呈逆流流动。冷却水流量为33500kg/h，温度由25℃升到38℃，而油品的温度由115℃降到60℃。若换热器清洗后，在两流体的流量和进口温度不变的情况下，冷却水出口温度增至42℃。试估算换热器清洗前传热面两侧的总污垢热阻。假设：①两种情况下，流体物性可视为不变，水的平均比热容为4.187kJ/(kg·℃)；②可按平壁处理，两种工况下壁面两侧对流传热系数视为不变；③可忽略管壁热阻和热损失。

5-5 在一逆流套管换热器中，冷、热流体进行热交换。两流体的进出口温度分别为：t_{c1} 为20℃，t_{c2} 为80℃，t_{h1} 105℃，t_{h2} 为70℃。当冷流体的流量增加1倍时，试求两流体的出口温度及传热量变化情况。

5-6 实验测定管壳式换热器的总传热系数时，水在管程湍流流动，管外为饱和水蒸气冷凝。列管由直径为 $\phi25\times2.5mm$ 的钢管组成。当水的流速为1m/s时，测得基于管外表面

积的总传热系数 K_o 为 2110W/($m^2 \cdot K$)，若其他条件不变，而水的流速变为 1.5m/s 时，测得 K_o 为 2650W/($m^2 \cdot K$)。试求蒸汽冷凝传热系数。假设污垢热阻可以忽略。

5-7 90℃的正丁醇在逆流换热器中被冷却到 45℃。换热器传热面积为 6.5 m^2，总传热系数为 235W/($m^2 \cdot K$)。若正丁醇的流量为 1950kg/h，冷却介质为 20℃的水。试求：①冷却水出口温度；②冷却水的消耗量(m^3/h)。

5-8 在套管换热器中，某流量的水在内管中流动，温度从 25℃升到 75℃，并测得内管水侧的对流传热系数为 2100W/($m^2 \cdot K$)。同时有流量为 1.5kg/s、温度为 110℃的饱和水蒸气在外管冷凝，且测知冷凝传热系数为 9500W/($m^2 \cdot K$)。试计算冷却水流量和套管换热器面积。水的比热容设为 4.174J/(kg·K)，假设热损失为蒸汽放热量的 10%，污垢热阻可按经验设定，管壁热阻可忽略不计，且可近似视为平壁换热。

6 换热器及其设计

换热器又称热交换器，是化工、油气、食品、冶金、制药等工业行业中最为常见的装备。其特点是本身无动态部件，其作用是加热冷流体或冷却热流体，其制作材料多为金属尤其是碳钢，少数有特殊要求的情况则用不锈钢、铜合金或石墨等。换热器的设计分工艺设计(含结构设计)和强度设计。本课程中主要介绍间壁式换热器中常见的管壳式换热器的工艺设计，为进行换热器选用和设计打下基础。

6.1 换热器的类型

用于使热量从热流体传递到冷流体，以实现规定的工艺要求的装置系统称为换热器或热交换器。换热器有多种分类方法，有的按用途分，有的按操作过程分，有的按装置紧凑程度分，不一而足。

6.1.1 按用途分类

可分为加热器、冷却器、冷凝器和蒸发器等。例如，原油在进入闪蒸罐前，需要在加热炉内加热到一定的温度，这样当原油经过减压阀后，能在闪蒸罐内分成气液两个部分；又如从槽车卸油到储罐或从储罐向管道送油时，如果是原油、重油等高黏度油，都必须要加热，寒带地区的管输原油每隔一段就得加热。这些都离不开加热器。

为了安全，离开分馏塔的油品和石油液化气，在进入储罐前，都必须加以冷却；为了回流和产品储存，塔顶上升的气相都必须在塔顶冷凝器中冷凝；而为了给分馏塔提供上升蒸汽，塔底必须有蒸发器，也称再沸器；结晶、海水淡化等单元操作也必须有蒸发器。

6.1.2 按冷热流体的传热方式分类

可分为流体直接接触式、蓄热式和间壁式等。图 6-1 是电厂冷却塔示意图，这是典型的直接接触式冷却器。温度较高的水自塔内喷水管向下喷出，常温下的空气自塔的底图部进入并上升，二者直接接触换热，同时部分水汽化进入空气流，更是加快了水的冷却。不过，上述高效冷却方式因造成物质的混合，能使用的场合十分有限。

图 6-2 是蓄热式换热器的示意图，老式的煤气发生炉就是这样的。因此，换热器内的填料既要能耐高温，又要有比较大的比热容。其操作方式是热、冷流体交替流过蓄热填料。

当热流体将填料加热到预定的温度，停止进入塔内，开冷流体，并使之流过已被加热的填料，直到填料温度降至某设定温度，再进入下一个循环。因此填料作为中介将热量由热流体传至冷流体。显然，这种热交换方式也会带来冷热流体及填料间一定程度的物质混合。

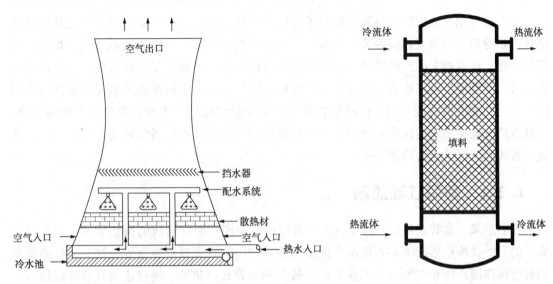

图 6-1　水冷塔示意图　　　　　　　　图 6-2　蓄热式换热器

图 6-3 所示为夹套式换热器，这是一种典型的间壁式换热器。冷热流体之间有一层金属壁面，既能传递热量，又避免了冷热流体的混合。事实上，冷热流体间有间壁的换热器很多，它们适于需要换热又不至混合的各个热交换场所。

图 6-3　间壁式(夹套)换热器

6.1.3　按换热装置紧凑程度分类

可分为喷淋式换热器、板式换热器和管壳式换热器等。
图 6-4 为喷淋式换热器，是一种典型的装置松散型换热器，单位换热面积占地较多；图 6-5 是一种板式换热器，是典型的紧凑式换热器，单位换热面积占地很少。后者在"间壁式换热器"一节中还会详加介绍。

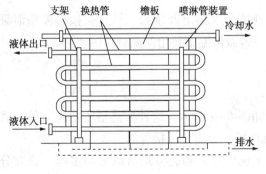

图 6-4　喷淋式换热器

图 6-5　板式换热器

6.2　间壁式换热器

如上所介绍，间壁式换热器是相对于直接混合式和蓄热式换热器而言的。这种换热器的优点是避免了冷热流体接触或互相混合，但其热交换效率却不如直接混合式。炼油、制药等和化工技术相关的生产活动，涉及的核心问题基本上不外乎反应和分离。反应前通常有混合，但反应步骤完成后，还需要分离纯化，因为得到一定纯度的产品往往是反应的目的。纯化是需要消耗能量的，而纯度往往是产品质量的标志。因此为避免不必要的混合，多数生产活动中用到的换热装置都是间壁式换热器。间壁式换热器常见的有套管式、管壳式、板式和沉浸式蛇管换热器等。

6.2.1　套管式换热器

顾名思义，套管式换热器就是由内外两层或更多同心圆管构成的换热装置，也是较为简单的间壁式换热器。图6-6所示为化学实验室常用的直式玻璃冷凝管，就是一种最简单的套管换热器。图6-7所示为工业上使用较多的套管式换热器，通过连接管，可以将若干个换热单元串并起来，达到所需的换热面积。图6-8为三(层)套管蓄能换热器，这是不常见的一种多套层换热器。

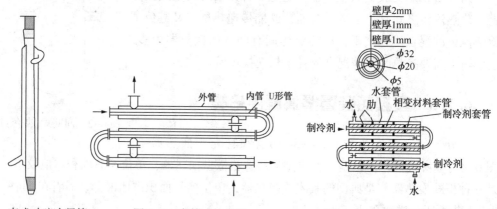

图6-6　直式玻璃冷凝管　　　图6-7　套管式换热器　　　图6-8　三(层)套管换热器

套管式换热器的优点是耐高压，方便安装、拆解及维修，缺点是接口多易泄漏、单位换热面积耗用材料多、占用场地也较大、若需保温则耗用保温材料多。

6.2.2　管壳式换热器

管壳式换热器又称列管式换热器。如图6-9所示，这种换热器主要由壳体、管束、管板(亦称花板)、封头(亦称管箱)、折流挡板、导流筒及接管等组成。

为提高管程和壳程流体流速，理论上讲，管方和壳方均可以采用多程。管方分程系在两端封头内安装隔板，使管子分成若干组，流体依次通过每组管子，往返多次。管程数不宜过多，这一方面会加大阻力损失，另一方面使换热器结构复杂。壳方分程系在壳体内安装隔板，这种加工难于实施。比较可行的是串联与壳程数同样数量的小型换热器，其实效与多壳程类似。折流挡板既有固定管束的功能，同时能使壳程流体出现反复折流，能有效增大壳程对流传热系数。挡板有圆缺型(弓形，图 6-10)，也有圆盘形(图 6-11)。挡板间距有 150mm、200mm 和 300mm 等，间距小壳程对流传热系数增大，壳程阻力也增大，否则相反。因此间距的大小要视具体情况而定。

　　根据具体的情况，管壳式换热器可以是立式或卧式，但多数情况下呈卧式安装。卧式安装时应保持一定的倾斜度，以便排液和放气。

　　根据工艺上的不同需要，人们分别设计出了不同结构和性能的管壳式换热器。最常见的有固定管板式、浮头式和 U 形管式。在我国，固定管板式、浮头式和 U 形管式均有国家标准，也已经形成产品系列。

　　如图 6-12 所示为带补偿圈的固定管板式换热器。管束两端用胀接法或焊接法固定在管板上，管板与壳体是一体化的，通过法兰与管箱连接。在管壳式换热器中，这种换热器结构相对简单。但也正因为管束与壳体是固定为一体的，当管束和壳体因温度不同而产生不同程度的膨胀时，换热器的结构有可能遭到破坏。为防止此类现象的出现，在壳体上增设有热补偿圈。

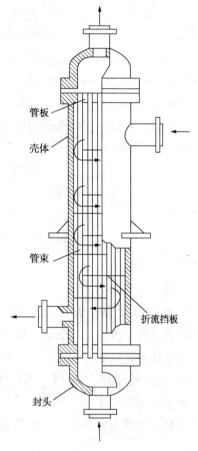

图 6-9　管壳式换热器

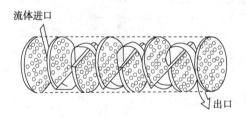

图 6-10　圆缺型折流挡板

图 6-11　圆盘形折流挡板

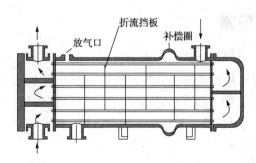

图 6-12　带补偿圈的固定板式换热器

·125

由于固定管板式换热器的管束不能拆卸，因此它只能用于壳程流体洁净的换热；同时热补偿圈的作用也是有限的，当热、冷流体平均温度之差（$t_{hm}-t_{cm}$）超过50℃时，这种换热器不再适用。固定管板式换热器规格见附表17。

如图6-13所示为浮头式换热器。这种换热器在结构上的特点是，管束的一端用浮头封起来，但可以在壳体内自由伸缩，另一头的管板以法兰的形式紧固在壳体与封头之间。这种结构彻底解决了管、壳因温差造成的膨胀应力问题，适用于冷热流体温差大的场合。与固定管板式相比，该型换热器结构比较复杂，耗用金属材料也比较多。浮头式换热器常见规格见附表19。

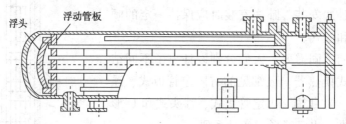

图6-13　浮头式换热器

如图6-14所示为U形管式换热器示意图。该型换热器结构比较简单，所有换热管均为U形管，管子进出口均固定于同一块管板上，管束另一端可在壳体内自由伸缩，从而成功解决了热补偿问题。由于此类换热器管子接口少，密封性好于浮头式换热器，因此特别适用于高温高压的气体换热，例如合成氨生产工艺中的变换工段。换热器的管束可以拆装，因此其壳程可以走结垢流体；管程中有弯道，不便清洗，因而宜走洁净流体。此外由于弯管要有一定的弯曲半径，因此管板利用率也比较低。U形管式换热器常见规格见附表18。

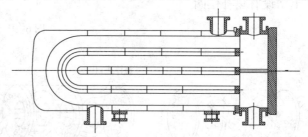

图6-14　U形管式换热器示意图

6.2.3　板式换热器

顾名思义，板式换热器就是换热元件为金属板材的换热器。根据换热器尤其是换热板的不同结构或形状，可以将板式换热器分为（平列）板式、螺旋板式、带翅片板式等。此类换热器的优点是单位换热面积占地少、结构紧凑，耗用换热材料少，以及传热系数大；其缺点是，由于换热元件-板材较薄，不宜用于带腐蚀性、高压流体换热。一旦焊接处或任何其他位置发生穿孔，就会造成冷热流体的混合。

如图6-15所示为（平列）板式换热器的示意图。图6-15（a）说明，换热器的换热元件——长方形换热板平行排列，以冷热流体通道——圆管为固定架，相邻换热板之间密封压紧。可以看出，冷热流体在换热板的两侧是逆向流动的。图 6-15(b)说明了换热板的结构，为强化换热，换热板通常做成水平波纹式。这种换热器结构简单，方便拆装。

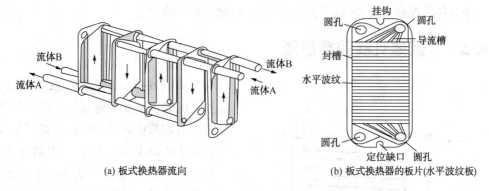

(a) 板式换热器流向

(b) 板式换热器的板片(水平波纹板)

图 6-15　(平列)板式换热器结构示意图

如图 6-16 所示为螺旋板式换热器。它由两张平行而有一定距离的薄钢板卷制成螺旋状。在螺旋的中心处焊有一块隔板，分出两个互不相通的流道，冷热流体分别在两个流道中流动，螺旋版即是换热件。

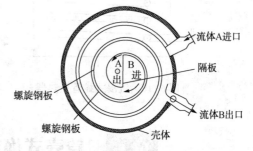

图 6-16　螺旋板式换热器

螺旋版两侧焊有盖板，一侧盖板上开有一种流体的进口，而另一侧开有另一种流体的出口，两种流体逆流流动。在这样的通道中，流体流速较高且流向不断改变，因此对流传热系数比(平列)板式还要大。

该型换热器操作温度一般不应超出 350℃，操作压力应控制在 2MPa 以内；该换热器易于堵塞，清洗困难，只能用于洁净流体的换热，且一旦发生锈蚀或穿孔，很难拆修。

如图 6-17 所示为板翅式换热器。这是一种轻巧、紧凑、高效的换热器。最早用于航空工业，现已用于石油化工、天然气液化和气体分离等部门，应用效果良好。

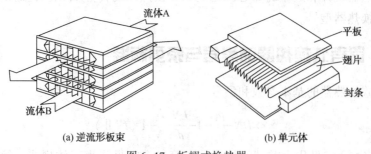

(a) 逆流形板束

(b) 单元体

图 6-17　板翅式换热器

由图可以看出，板翅式换热器是一组波纹状翅片装在两块平板之间，两侧用封条密封，构成单元体。再将若干个单元体叠在一起，焊牢，制成逆流或错流式板束。再将带有进出口的集流箱焊到板束上，便制成板翅式换热器。

该换热器的优点之一是结构紧凑，每立方米内换热面积可达 2500~4300 m^2，达到管壳式换热器的 30 倍；其优点之二是传热效果好，平板一次传热加翅片二次传热，且翅片能促进流体的湍流，破坏边界层的发展；优点之三是轻巧牢固，一般用铝合金制作，质量轻，翅片的支撑作用强，能承受高达5MPa的压力，而质量约为管壳式换热器的1/10。

与板式换热器一样，板翅式换热器的缺点是流道较小，易于堵塞，清洗困难，故只能用于洁净流体的换热。此外其结构较为复杂，内漏后难于修复。

6.2.4 沉浸式蛇管换热器

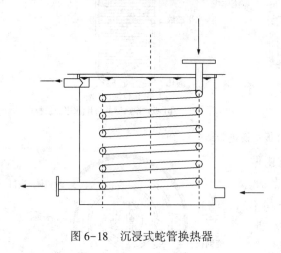

图6-18 沉浸式蛇管换热器

如图6-18所示为沉浸式蛇管换热器。蛇管由金属管弯成，安装于容器中，工作时容器内的液位应高于蛇管最高处。容器中流动的液体与蛇管中的流体进行热交换。这种换热器结构简单，适用于管内流体为高压或腐蚀性流体的情况。要提高总传热系数，重点应放在管外对流传热系数，因此增加搅拌比较有效。此外，热管换热器、加热炉等均为有间壁的传热装置。

6.3 管壳式换热器的设计与选型

管壳式换热器的设计是压力容器设计的重要内容之一，有比较成熟的设计方法，参考资料和工具书也比较丰富。为了提高通用性、降低成本，原则上都要优先选用标准化、系列化的换热器，这就是所谓换热器的选型。只有当"换热器系列标准"中确实没有能满足换热任务需要的可选时，才考虑按设计规范自行设计换热器。

管壳式换热器设计和选型的核心问题是计算换热器的传热面积，进而确定换热器的其他尺寸或选择换热器型号。

6.3.1 管壳式换热器的型号与系列标准

（1）管壳式换热器的基本参数和型号

$$\times\times\times DN \text{-} \frac{p_t}{p_s} \text{-} A \text{-} \frac{LN}{d} \text{-} \frac{N_t}{N_s} \text{I（或 II）}$$

$\times\times\times$——第一个字母代表前端结构形式，第二个字母代表壳体型式，第三个字母代表后端结构形式。

DN——公称直径，mm，釜式重沸器用分数表示，分子为管箱直径，分母为壳程圆筒直径。

$\dfrac{p_t}{p_s}$——管/壳程压力，MPa，压力相等时只写p_t。

A——公称换热面积，m^2。

$\dfrac{LN}{d}$——LN 为换热器公称长度，m，d 为换热管外径。

$\dfrac{N_t}{N_s}$——管/壳程数，单壳程时只写 N_t。

Ⅰ（Ⅱ）——钢制管束分Ⅰ、Ⅱ两级。

【示例1】 浮头式热交换器：可拆平盖管箱，公称直径为 500mm，管程和壳程设计压力均为 1.6MPa，公称换热面积为 54 m²，公称长度为 6m，换热管外径为 25mm，4 管程单壳程的钩圈式浮头热交换器，碳素钢换热管符合 NB/T 47019《锅炉、热交换器用管订货技术条件》的规定，其型号表示为

$$AES500\text{-}1.6\text{-}54\text{-}\dfrac{6}{25}\text{-}4\,Ⅰ$$

【示例2】 固定管板式热交换器：可拆封头管箱，公称直径为 700mm，管程设计压力为 2.5MPa，壳程设计压力为 1.6MPa，公称换热面积为 200 m²，公称长度为 9m，换热管外径为 25mm，4 管程单壳程的固定管板式换热器，碳素钢换热管符合 NB/T 47019《锅炉、热交换器用管订货技术条件》的规定，其型号表示为

$$BEM700\text{-}\dfrac{2.5}{1.6}\text{-}200\text{-}\dfrac{9}{25}\text{-}4\,Ⅰ$$

【示例3】 U 形管式热交换器：可拆封头管箱，公称直径为 500mm，管程设计压力为 4.0MPa，壳程设计压力为 1.6MPa，公称换热面积为 75 m²，公称长度为 6m，换热管外径为 19mm，2 管程单壳程的 U 形管式换热器，不锈钢换热管符合 GB 13296《锅炉、热交换器用不锈钢无缝钢管》的规定，其型号表示为

$$BEU500\text{-}\dfrac{4.0}{1.6}\text{-}75\text{-}\dfrac{6}{25}\text{-}2\,Ⅰ$$

（2）管壳式换热器的系列标准

为了便于对管壳式换热器进行选型，国家标准化委员会于 2014 年发布换热器系列标准，附表 17～附表 19 录入了固定管板式、浮头式和 U 形管式换热器相关标准，供设计时选用或参考。

6.3.2 管壳式换热器设计时应考虑的问题

（1）流体流径的确定

冷热流体换热时，其中哪一种走管程，哪一种走壳程，下列因素应重点考虑：

• 不洁净和易结垢的流体宜走易于清洁的一侧。如走直管管束的管程、U 形管管束的壳程。

• 腐蚀性流体宜走管程，以免管程与壳程同时受腐蚀。

• 压力高的流体宜走管程，以免制造较厚的壳体。

• 为保证有较大的对流传热系数，在管程压力降允许情况下，可加大流速的流体可走管程；否则，流量小、黏度大的流体宜走壳程，因为可以利用减小板间距的办法增大壳程对流传热系数。

●两流体温差较大时，对于固定管板式换热器，热流体宜走壳程，这样同时加热管程和壳体，可减小热应力。

●蒸汽宜走壳程，便于及时排出冷凝液。

●需要冷却的流体宜走壳程，便于利用壳体散热，还可减少冷却剂用量；不过如果考虑利用很高温度流体的热能，则宜走管程以减少热损失。

上述各点往往很难同时考虑，此时应抓住主要方面，因为还要考虑压力降等其他因素。

（2）流体流速的确定

流体在壳程和管程的流速增大，既可加大传热系数，又可减少杂质的沉降和结垢，但流动阻力也会相应增大。因此应选择合适的流速。工业上的经验型流速范围列于表6-1、表6-2和表6-3，设计时可以参考。

设计任务通常对选用或设计换热器的管程和壳程压力降有限制。如无明确交代，一般液体流经换热器压力降为 $10\sim100kPa$，气体为 $1\sim10kPa$。对应的 Re 大致范围是：$Re\in[5\times10^{3}, 2\times10^{4}]$（液体）和 $Re\in[10^{4}, 10^{5}]$（气体）。

表6-1 管壳式换热器中常用的流速范围

流体种类		一般液体	易结垢液体	气体
流速/（m/s）	管程	0.5~3.0	>1.0	5.0~30
	壳程	0.2~1.5	>0.5	3.0~15

表6-2 管壳式换热器中易燃易爆液体的安全允许速度

液体名称	乙醚、二硫化碳、苯	甲醇、乙醇、汽油	丙酮
安全允许流速/（m/s）	<1.0	<2.0~3.0	<10

表6-3 管壳式换热器中不同黏度液体常用流速

液体黏度/mPa·s	>1500	1500~500	500~100	100~35	35~1	<1
最大速度/（m/s）	0.60	0.75	1.1	1.5	1.8	2.4

（3）换热管规格和排列方式

换热管规格选得越小，单位体积换热器能提供的换热面积会越大，且同样的壁厚小的换热管更耐压，然而小管内清洗难度大一些。因此洁净流体换热时可用小管，易结垢或黏度大的流体换热宜用大管。目前我国换热器的系列标准中，管子有 $\phi19\times2mm$、$\phi25\times2mm$ 和 $\phi25\times2.5mm$ 尺寸的；管子的出厂长度通常为12m。为了合理使用管材并便于清洗，且考虑换热器的力学稳定性，管长可选用 1.5m、2m、3m、4.5m、6m、9m 等。

管子在管板上的排列有正三角形、正方形直列和正方形错列等，如图6-19所示。正三角形排列较紧凑，相同壳体直径换热器内可排较多的管子，传热效果也比较好，但壳程清洗困难一些；正方形排列没那么紧凑，传热效果稍差，但壳程较好清洗，适于易结垢流体。将正方形管束斜转45°安装，便能适当增强传热效果。

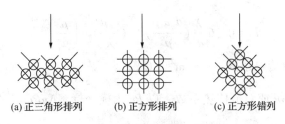

(a) 正三角形排列   (b) 正方形排列   (c) 正方形错列

图 6-19　换热管在管板上的排列

（4）管程数和壳程数的确定

当流体的流量较小或传热面积较大而需较多管子，有时会使管内流速较低，于是对流传热系数也小。为改变此状况，可采用多管程。不过管程数过多，流速过大，会导致动力费增加；多管程还导致平均温差下降，同时多程隔板会导致管板可利用面积减少，设计时需要考虑这些问题。管壳式换热器系列标准中管程数有 1、2、4、6 等 4 种。采用多管程时，每程的管子数应基本相等。

管程数 m 可按下式计算：

$$m = \frac{u}{u'} \tag{6-1}$$

式中　u——管程内流体的适宜流速，m/s；

　　　u'——单管程时管内流体的实际流速，m/s。

关于壳程数，优先考虑 1 壳程，只有当温差校正系数 ψ 小于 0.8 时，才考虑采用更多的壳程。由于壳程分程隔板装于壳体内，给制造、安装和检修带来困难，因此一般以串联 2 个以上小面积换热器代替多壳程方案。

（5）折流挡板的确定

换热器中安装折流挡板后，壳程流体的方向不断变化且流程加长，对传热是有利的。板间距越小，这种效果越明显。但也要考虑到，减小板间距壳程阻力会增大。同时，挡板切口也要适当，过大或过小都会出现流动"死区"（图 6-20）。一般切口高度与直径之比在 0.15~0.45，常见的为 0.20 或 0.25。

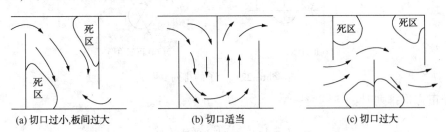

(a) 切口过小，板间过大   (b) 切口适当   (c) 切口过大

图 6-20　挡板切口和间距对流动的影响

（6）壳体有圆缺型折流挡板时对流传热系数的计算

式（6-2）适用于装有切口为 25% 的圆缺型挡板时对流传热系数的计算，要求 $Re \in [2 \times 10^3, 2 \times 10^6]$。

$$Nu = 0.36\,Re^{0.55}Pr^{1/3}\left(\frac{\mu}{\mu_\mathrm{w}}\right)^{0.14} \tag{6-2}$$

或
$$h_2 = 0.36 \frac{\lambda}{d_o} \left(\frac{d_o u_o \rho}{\mu} \right)^{0.55} \left(\frac{c_p \mu}{\lambda} \right)^{1/3} \left(\frac{\mu}{\mu_w} \right)^{0.14} \tag{6-3}$$

式中 h_2——壳程对流传热系数，$W/(m^2 \cdot ℃)$。

为快速方便获取 Nu 或对流传热系数，以 Re 为横坐标，$NuPr^{-1/3} \left(\frac{\mu}{\mu_w} \right)^{-0.14}$ 为纵坐标，在对数坐标上画出曲线，如图 6-21 所示。

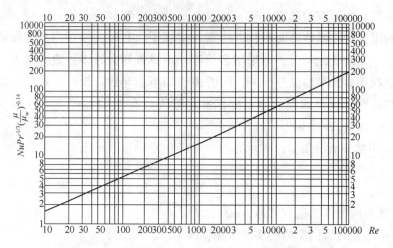

图 6-21　列管式换热器壳程对流传热系数计算用曲线

图 6-21 和式(6-2)、式(6-3)的定性温度为流体进出口温度平均值，μ_w 取壁温下的值。特征尺寸用当量直径 d_e。当量直径 d_e 为 4 倍流通截面积与传热周边之比。

管子的排列方式如图 6-22 所示。

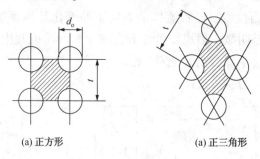

(a) 正方形　　　　　　　(a) 正三角形

图 6-22　管子的排列

管子正方形排列时：

$$d_e = 4 \left(t^2 - \frac{\pi}{4} d_o^2 \right) / (\pi d_o) \tag{6-4}$$

管子正三角形排列时：

$$d_e = 4 \left(\frac{\sqrt{3}}{2} t^2 - \frac{\pi}{4} d_o^2 \right) / (\pi d_o)$$

式中 t——相邻两管中心距，m；

d_o——管子的外径，m。

式(6-4)中流速 u_o 按流体通过管间最大截面 A 计算：

$$A = hD(1 - d_o/t) \tag{6-5}$$

式中　h——两折流挡板之间的距离，简称板间距，m；

　　　D——换热器壳体内径，m。

（7）外壳直径的确定

换热器外壳的内径应稍大于或等于管板的直径。根据计算出的实际管数、管径、管中心距及管子排列方法等，可用作图法确定壳体的直径。当管数较多又要反复计算时，作图法很麻烦。通常在初步设计中，可先分别选定两流体的流速，然后计算所需管程和壳程的流通截面积，从系列标准中查出外壳的直径。当全部设计完成后，再用作图法画出管子的排列图。为使管子排列均匀，可适当增减一些管子。事实上，出于换热器结构稳固需要或由于隔板的影响，经常有拉杆和盲管"占位"的现象。

初步设计中也可以用下式计算壳体内径：

$$D = t(n_c - 1) + 2b' \tag{6-6}$$

式中　D——壳体内经，m；

　　　n_c——横过管束中心线的管数：对正三角形 $n_c = 1.10\sqrt{n}$，对正方形 $n_c = 1.19\sqrt{n}$，n 为总管子数；

　　　b'——最外层管中心距壳体内壁的距离，m，一般取 $b' = (1 \sim 1.5)d_o$。

按式（6-6）计算得到的壳体内径应圆整，标准尺寸见表6-4。

表 6-4　壳体标准尺寸

壳体外径/mm	325	400, 500, 600, 700	800, 900, 1000	1100, 1200
最小壁厚/mm	8	10	12	14

（8）主要附件

① 封头：这里封头也叫管箱，用于封闭换热器，同时供管程流体进出和转弯。它有方形和圆形两种，方形用于直径小（小于400mm）的壳体，圆形用于直径较大的壳体。

② 缓冲挡板：为防止壳程流体进入换热器时对管束的冲击，可在进料管口装设缓冲挡板。

③ 导流筒：壳程流体的进出口和管板间存在一段流体不能流动的空间（死角），为提高传热效果，在管束外增设导流筒，使流体进出壳程时经过这一区间。有了导流筒，就不必设缓冲挡板。

④ 放气孔和排液孔：换热器的壳体（空间）上方设放气孔，便于蒸汽冷凝时排出不凝性气体，或停车检修前排出换热气体；在下方设排液孔，便于停车检修前排出换热液体。

⑤ 接管：换热器流体进出口装有接管，其直径按下式计算：

$$d = \sqrt{\frac{4V_s}{\pi u}} \tag{6-7}$$

式中　V_s——体积流量，m^3/s；

　　　u——接管中流体流速 m/s。

流速大小的确定：

液体　$u \in (1.5,~2.0) \mathrm{m/s}$；

蒸汽　$u \in (20,~50) \mathrm{m/s}$；

气体　$u \in (0.15,~0.20) p/\rho~\mathrm{m/s}$。

用式(6-7)所求得的 d 应进行圆整。

(9) 流体流动压力降的计算

① 管程流动阻力

管程阻力按一般摩擦阻力公式计算。对于多管程换热器，其总阻力 $\sum p_i$ 为各管程直管阻力、回弯阻力及进出口阻力之和，通常只记前二者。因此管程总阻力为

$$\sum p_i = (\Delta p_1 + \Delta p_2) F_{\mathrm{t}} N_{\mathrm{s}} N_{\mathrm{p}} \tag{6-8}$$

式中　Δp_1——直管阻力，Pa；

　　　Δp_2——回弯阻力，Pa；

　　　F_{t}——结垢矫正因素，无量纲，对 $\phi 25 \times 2.5 \mathrm{mm}$ 的管子，取 1.4；对 $\phi 19 \times 2.0 \mathrm{mm}$ 的管子取 1.5；

　　　N_{s}、N_{p}——串联的壳程数和管程数。

均因摩擦而产生，它们的计算式为

$$\Delta p_1 = \lambda \frac{l}{d_1} \times \frac{u^2}{2} \tag{6-9}$$

$$\Delta p_2 = 3 \frac{\rho u^2}{2} \tag{6-10}$$

式中　λ——内摩擦系数，无量纲；

　　　d_1——管内径，m；

　　　u——管程流速，m/s；

　　　ρ——流体密度，$\mathrm{kg/m^3}$。

式(6-9)称为范宁公式。

② 壳程流动阻力

壳程阻力计算比较复杂，公式也比较多。现介绍埃索法算式：

$$\sum p_{\mathrm{o}} = (\Delta p_1' + \Delta p_2') F_{\mathrm{s}} N_{\mathrm{s}} \tag{6-11}$$

式中　$\Delta p_1'$——流体横过管束压力降，Pa；

　　　$\Delta p_2'$——流体通过折流挡板缺口的压力降 Pa。

它们的计算式为

$$\Delta p_1' = F f_{\mathrm{o}} n_{\mathrm{c}} (N_{\mathrm{B}}+1) \frac{\rho u_{\mathrm{o}}^2}{2} \tag{6-12}$$

$$\Delta p_2' = N_{\mathrm{B}} \left(3.5 + \frac{2h}{D}\right) \frac{\rho u_{\mathrm{o}}^2}{2} \tag{6-13}$$

式中　F——管子排列方法对压强降的校正因素，正三角形取 0.5；正方形斜转 45°取 0.4；正方形排列取 0.3；

　　　f_{o}——壳程流体的摩擦系数，当 $Re_{\mathrm{o}} > 500$ 时，$f_{\mathrm{o}} = 5.0~Re_{\mathrm{o}}^{-0.228}$；

n_c——横过管束中心线的管子数，其算式前面已介绍；

N_B——折流挡板数；

h——折流挡板间距，m；

u_o——按壳程流通截面积 A_o 计算的流速，m/s，$A_o = h(D - n_c d_o)$。

6.3.3 管壳式换热器的选用和设计计算步骤

（1）试算并初选设备规格

① 计算热负荷。

② 确定流体流径。

③ 确定流体在换热器两端的温度，选择管壳式换热器的形式；计算定性温度，并确定在定性温度下的流体物性。

④ 计算平均温度差，并根据温差校正系数不小于 0.8 的原则，决定壳程数。

⑤ 依据总传热系数经验值范围，或按生产实际情况设定总传热系数 K 值。

⑥ 根据总传热速率方程式，计算传热面积。并确定换热器的基本尺寸（如 d、L、n 及管子在管板上的排列等）或按系列标准选择设备规格。

（2）计算管程、壳程压力降

根据初定的设备规格，计算管程和壳程的压力降，考察计算结果是否满足工艺要求。若压降过低或超出要求，都应调整流速，再确定管程数和折流挡板间距，或选择另一规格的换热器，重新计算压强降直至满足工艺要求。

（3）核算总传热系数

计算管程、壳程对流传热系数，确定污垢热阻，再计算总传热系数，且与初设值比较，若计算值为处设置的 1.15~1.25 倍，则初选换热器合适，否则需另设 K 值，重复上述计算步骤。

可以看出，选型计算是个反复试算的过程，通常要试算 2~3 次。

【例 6-1】 用井水将 15000kg/h 的煤油从 140℃ 冷却到 40℃，冷水进出口温度分别为 30℃ 和 40℃。若要求换热器的管程和壳程压力降不大于 30kPa，试选择合适型号的管壳式换热器。管壁热阻可忽略不计。定性温度下流体的物性见表 6-5。

表 6-5 例 6-1 附表 1

介质	密度/(kg/m³)	比热容/(kJ/kg·℃)	黏度/Pa·s	导热系数/(W/m·℃)
煤油	810	2.3	0.91×10^{-3}	0.130
水	994	4.187	0.727×10^{-3}	0.626

解：本题中冷热流体在换热过程中均无相变。由于井水比较容易结垢，为方便清洗，选择水走管程；同时煤油需要冷却，可利用壳体散热，应走壳程。

（1）试算和初选换热器规格

计算热负荷和冷流体流量，由于热流体走壳程，考虑 5% 的热损失率

$$Q_h = m_h c_{ph}(t_{h1} - t_{h2}) = 15000 \times 2.3 \times 10^3 (140 - 40)/3600 = 958333 \text{W}$$

$$m_c = \frac{0.95\, Q_h}{c_{pc}(t_{c2}-t_{c1})} = \frac{0.95\times958333\times3600}{4.187\times10^3\times(40-30)} = 78278\,\text{kg/h}$$

计算平均温度差，先按单壳程、多管程试算，逆流时的平均温差为

$$\Delta t_{m逆} = \frac{\Delta t_2 - \Delta t_1}{\ln\dfrac{\Delta t_2}{\Delta t_1}} = \frac{(140-40)-(40-30)}{\ln\dfrac{140-40}{40-30}} = 39.1\,℃$$

$$p = \frac{t_{c2}-t_{c1}}{t_{h1}-t_{c1}} = \frac{40-30}{140-30} = 0.09 ; \qquad R = \frac{t_{h1}-t_{h2}}{t_{c2}-t_{c1}} = \frac{140-40}{40-30} = 10$$

查图 5-5，得到 ψ 为 0.85。ψ 大于 0.8，故可以用单壳程换热器

$$\Delta t_m = \psi \times \Delta t_{m逆} = 0.85\times39.1 = 33.24\,℃$$

初选换热器规格。根据换热流体情况，设 $K = 300\,\text{W/(m}^2 \cdot ℃)$，于是

$$A = \frac{0.95\, Q_h}{K\Delta t_m} = \frac{0.95\times958333}{300\times33.24} = 91.3\ \text{m}^2$$

热流体平均温度与冷流体平均温度之差为

$$t_{hm}-t_{cm} = \frac{140+40}{2} - \frac{40+30}{2} = 55\,℃$$

温差大于 50℃，需要采用热补偿能力强的换热器，U 形管不便清洗，故只能用浮头式。参见附表 19，初选 F600Ⅱ-2.5-92 型换热器，其有关参数见表 6-6。

表 6-6　例 6-1 附表 2

壳径/mm	600	管子尺寸/mm	$\phi25\times2.5$
公称压强/MPa	2.5	管长/m	6
公称面积/m²	92	管子总数	198
管程数	2	管子排列方法	正方形斜转 45°

实际传热面积 $A_0 = n\pi dL = 198\times3.14\times0.025\times(6-0.1) = 91.7\ \text{m}^2$

其中所扣除的 0.1m 系考虑换热管插入管板等造成无换热效果的部分。选用此换热器需要的总传热系数为

$$K = \frac{0.95\, Q_h}{A_0 \Delta t_m} = \frac{0.95\times958333}{91.7\times33.24} = 298.7\,\text{W/(m}^2 \cdot ℃)$$

（2）核算压强降

管程压强降
$$\sum p_i = (\Delta p_1 + \Delta p_2) F_t N_s N_p$$

其中 　　　　　　　　$F_t = 1.4$，$N_p = 2$。

管程流通面积
$$A_i = \frac{\pi d_i^2}{4} \times \frac{n}{N_p} = \frac{3.14\times0.02^2}{4} \times \frac{198}{2} = 0.0311\,\text{m}^2$$

管内流速
$$u_i = \frac{V_s}{A_i} = \frac{m_c}{\rho A_i} = \frac{78278/3600}{994\times0.0311} = 0.70\,\text{m/s}$$

管内雷诺数
$$R_{ei} = \frac{\rho d_i u_i}{\mu} = \frac{994\times0.02\times0.7}{0.727\times10^{-3}} = 1.91\times10^4\,（湍流）$$

换热管为碳钢管，其粗糙度可取 $\varepsilon = 0.1\text{mm}$，故 $\varepsilon/d_i = 0.1/20 = 0.005$，由 $\lambda - Re$ 关系曲线可查得 $\lambda = 0.034$，因此

$$\Delta p_1 = \lambda \frac{L}{d_i} \times \frac{\rho u_i^2}{2} = 0.034 \times \frac{6}{0.02} \times \frac{940 \times 0.70^2}{2} = 2350\text{Pa}$$

$$\Delta p_2 = 3 \frac{\rho u_i^2}{2} = 3 \times \frac{940 \times 0.70^2}{2} = 690\text{Pa}$$

则

$$\sum p_i = (\Delta p_1 + \Delta p_2) F_t N_s N_p = (2350+690) \times 1.4 \times 2 = 8500\text{Pa}$$

壳程压强降

$$\sum p_o = (\Delta p_1' + \Delta p_2') F_s N_s$$

其中

$$F_s = 1.15, \quad N_s = 1, \quad \Delta P_1' = F f_o n_c (N_B+1) \frac{\rho u_o^2}{2}$$

管子为正方形斜转 $45°$ 排列，$F = 0.4$

$$n_c = 1.19\sqrt{198} = 17$$

取折流挡板间距为 $h = 0.15\text{m}$，于是 $N_B = \dfrac{L}{h} - 1 = \dfrac{6}{0.15} - 1 = 39$

壳程流通面积为

$$A_o = h(D - n_c d_o) = 0.15(0.6 - 17 \times 0.025) = 0.0263 \text{ m}^2$$

壳程流速为

$$u_o = \frac{15000}{3600 \times 810 \times 0.0263} = 0.2\text{m/s}$$

壳程雷诺数为

$$Re_o = \frac{\rho u_o d_o}{\mu} = \frac{810 \times 0.2 \times 0.025}{0.91 \times 10^{-3}} = 4450 > 500$$

壳程摩擦系数

$$f_o = 5.0 Re_o^{-0.228} = 5 \times 4450^{-0.228} = 0.74$$

因此

$$\Delta P_1' = 0.4 \times 0.74 \times 17 \times (39+1) = 3260\text{Pa}$$

$$\Delta P_2' = N_B \left(3.5 + \frac{2h}{D}\right) \frac{\rho u_o^2}{2} = 39\left(3.5 - \frac{2 \times 0.15}{0.6}\right) \times \frac{810 \times 0.2^2}{2} = 1900\text{Pa}$$

$$\sum p_o = (3260 + 1900) \times 1.15 = 5930\text{Pa}$$

计算说明，管程和壳程的压力降均不超出题设的要求。

（3）核算总传热系数

管程对流传热系数前已计算，管内雷诺数 Re_i 为 1.91×10^4；

管内流体普朗特数：

$$Pr_i = \frac{c_p \mu}{\lambda} = \frac{4.187 \times 10^3 \times 0.727 \times 10^{-3}}{0.626} = 4.86$$

管内对流传热特数：

$$h_1 = 0.023 \frac{\lambda}{d_i} Re_i^{0.8} Pr_i^{0.4}$$

$$= 0.023 \times \frac{0.626}{0.02} \times 19100^{0.8} \times 4.86^{0.4} = 3603\text{W/(m}^2 \cdot ℃)$$

壳程对流传热系数：

$$h_2 = 0.36 \frac{\lambda}{d_o} \left(\frac{d_o u_o \rho}{\mu}\right)^{0.55} \left(\frac{c_p \mu}{\lambda}\right)^{1/3} \left(\frac{\mu}{\mu_w}\right)^{0.14}$$

取列管中心距 $t = 32\text{mm}$ 流体通过管间最大截面积为

$$A = hD(1 - d_o/t) = 0.15 \times 0.60 \times \left(1 - \frac{0.025}{0.032}\right) = 0.0197 \text{ m}^2$$

流体通过管间最大截面的流速为

$$u_o = \frac{V_S}{A} = \frac{15000}{3600 \times 810 \times 0.0197} = 0.26 \text{ m/s}$$

壳程当量直径　$d_e = \dfrac{4\left(t^2 - \dfrac{\pi}{4} d_o^2\right)}{\pi d_o} = \dfrac{4 \times \left(0.032^2 - \dfrac{3.14}{4} \times 0.025^2\right)}{3.14 \times 0.025} = 0.027 \text{ m}$

壳程雷诺数　$Re_o = \dfrac{\rho u_o d_e}{\lambda} = \dfrac{810 \times 0.027 \times 0.26}{0.91 \times 10^{-3}} = 6250$

壳程普朗特数　$Pr_o = \dfrac{c_p \mu}{\lambda} = \dfrac{2.3 \times 10^3 \times 0.91^{-3}}{0.13} = 16.1$

由于壳程中煤油被冷却，取 $\left(\dfrac{\mu}{\mu_w}\right)^{0.14} = 0.95$，因此

$$h_2 = 0.36 \frac{0.13}{0.027} (6250)^{0.55} (16.1)^{1/3} \times 0.95 = 510 \text{ W/(m}^2 \cdot \text{℃)}$$

污垢热阻参考附表10，管内外污垢热阻分别为

$$R_{S1} = 0.0002 \text{ m}^2 \cdot \text{℃/W}, \quad R_{S2} = 0.00017 \text{ m}^2 \cdot \text{℃/W}$$

总传热系数 K_2，题中说明不考虑管壁热阻，因此

$$\frac{1}{K_2} = \left(\frac{1}{h_2} + R_{S2}\right) + \left(\frac{1}{h_1} + R_{S1}\right)\frac{d_2}{d_1}$$

$$= \left(\frac{1}{510} + 0.00017\right) + \left(\frac{1}{3603} + 0.0002\right)\frac{0.025}{0.020} = 366 \text{ W/(m}^2 \cdot \text{℃)}$$

由选择换热器后算得总传热系数为 298.7 W/(m² · ℃)，现经过计算实为 366 W/(m² · ℃)。安全系数为 $\dfrac{366 - 298.7}{298.7} \times 100\% = 22.5\%$，可以看出，这个换热器基本合用。

本例仅说明管壳式换热器选用的一般原则。实际设计时往往需要反复计算，在对比中寻求更优的设计方案。设计中要考虑传热要求、设备和运行成本以及压强降等诸多因素。要求较小的压力降和较大的对流传热系数是一对矛盾，因此必须通盘考虑，同时要善于抓住主要矛盾，尤其是当管内外传热系数 h_1 与 h_2 差距较大时，要把重点放在设法增大较小一侧的对流传热系数。

拓展阅读——油气储运涉及的典型换热装置

油气储运涉及的典型换热装置主要有：管壳式换热器、加热炉、伴热管等。管壳式换热器已经在本章正文中做了较为详尽的介绍，此处就伴热管做简单的介绍。

伴热是指采用外部热源来控制管道和设备内物料温度的一种方法。目前，伴热已被广泛应用于油气行业和其他工业领域中，成为装置设备和管线的重要部分。伴热技术在黏油管输、

天然气开采、集气和分配环节均有应用。根据采用热源的不通，伴热常分为蒸汽伴热和电伴热。运用内通蒸汽的金属管或电热带向输油输气管中供热的就是蒸汽伴热管或电伴热。

蒸汽伴热管有设在被加热管内的和沿被加热管外壁敷设的两种，前者不常用。外壁伴热有用平行管或螺旋状管的，一般采用平行管，只有对窥视镜等复杂形状才采用螺旋状伴热管。蒸汽伴热系统由蒸汽总管、冷凝水总管、蒸汽分配缸、冷凝水汇集管等构成，详情可以参阅相关专门文献。

图 6-23 为外设蒸汽伴热管与主管及保温层的相对位置示意图。为了强化热量传递，有的还在伴热管与主管间敷以导热胶泥。而若一根伴热管不够，可以如图 6-24 布置多根伴热管。主管是垂直还是水平的，伴管的布置也会有所不同。蒸汽伴热法在油气工业中很常见，不过蒸汽伴热系统比较复杂，且存在蒸汽本身的"跑、冒、滴、漏"问题。

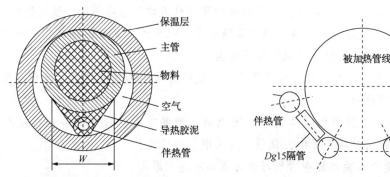

图 6-23　外设蒸汽伴热管与主管及保温层的相对位置　　图 6-24　多根伴热管的布置

电伴热是指用电能补充被伴热物体在工艺过程中的热损失，使其温度维持在一定的范围内。值得注意的是，在石油天然气行业中，电伴热并不用于提高介质的温度，它主要应用于防凝、防冻和工艺保温。

如图 6-25 所示电伴热系统主要由电源、电热带、温控器(恒功率式电热带)、恒温器(变功率式电热带)以及接线盒、二通、三通、尾端等附件构成。

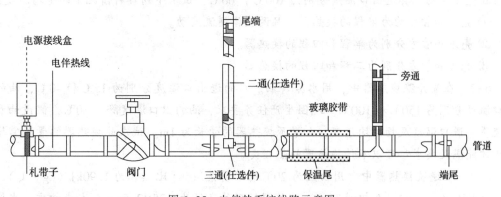

图 6-25　电伴热系统线路示意图

电伴热技术在石油行业中的重要性正在逐渐被人们认识，它的高效性，可控性也是蒸汽伴热方法不能比拟的。但在具体使用中也有许多细节性问题需要各专业的工程技术人员配合和总结。

思 考 题

6-1 试举出油气工业等现实生产生活中，加热器、冷却器、蒸发器等不同用途的换热装置若干，分析他们在使用载热(冷)剂、及结构上的异同点。

6-2 在蒸汽管道中通入一定流量和压强的饱和水蒸气，试分析：①在夏季和冬季，管道的内、外壁面温度有何变化？②若将管道保温，保温前后管道内、外壁面温度有何变化？

6-3 在管壳式换热器中，拟用饱和水蒸气加热空气，试问：①传热管的壁面温度接近哪一种流体的温度？②总传热系数接近哪一侧流体的对流传热系数？③如何确定流体在换热器中的流径？

6-4 每小时有一定量的气体在套管换热器中从 T_1 冷却到 T_2，冷却水进出口温度分别为 t_1 和 t_2。两流体呈逆流流动，且均为湍流。若换热器尺寸已知，气体向管壁的对流传热系数比管壁向水的对流传热系数小得多，污垢热阻和管壁热阻均可忽略不计。试讨论以下各项：

① 若气体的生产能力加大 10%，仍用原换热器，但要维持原有的冷却程度和冷却水进出口温度不变，试问应采取什么措施？说明理由。

② 若因气候变化，冷水进口温度下降为 t'_1，现仍用原换热器并维持原冷却程度，则应采取什么措施？说明理由。

③ 在原换热器中，若将两流体改为并流流动，若要求维持原有的冷却程度和加热程度，是否可能？为什么？若不可能，试说明应采取什么措施？

6-5 试分析管壳式换热器中管程与壳程流体限速的原因。

6-6 输热管或输冷管的保温层是否越厚越好？该厚度的临界值是怎么确定的？

6-7 加热炉中存在哪些热量传递形式？强化加热管传热的重点在哪里？

6-8 在油气储运工程中，蒸汽管伴热和电伴热分别适用于什么场合？

习 题

6-1 在下列各种管壳式换热器中，某种溶液在管内流动并由 20℃ 加热到 50℃。加热介质在壳方流动，其进出口温度分别为 100℃ 和 60℃，试求下列各种情况下的平均温度差。

① 壳方和管方均为单程的换热器，且两流体逆流流动。

② 壳方和管方分别为单程和四程的换热器。

③ 壳方和管方分别为二程和四程的换热器。

6-2 在某并流换热器中，用水冷却油。水的进出口温度分别为 15℃ 和 40℃，油的进出口温度分别为 150℃ 和 100℃。现因生产任务要求，油的出口温度降至 80℃，假设油和水的流量、进口温度及物性均不变，如果原换热器的管长为 1m。试求此换热器的管长需增加多少才能满足要求？可以不计换热器的热损失。

6-3 在逆流换热器中，用初温为 20℃ 的水将某液体[比热容为 1.90kJ/(kg·℃)、流量为 0.85kg/s]由 80℃ 冷却到 30℃。换热器的列管直径为 $\phi25×2.5$mm，水走管方。水侧和液体侧的对流传热系数分别为 0.85kW/(m²·℃) 和 1.70kW/(m²·℃)，污垢热阻可忽略不计。若水的出口温度不能超过 50℃，试求换热器的传热面积。

6-4 常压下温度为 120℃ 的甲烷以 10m/s 的平均速度在管壳式换热器的管间沿轴向流

动。离开换热器时甲烷温度为30℃，换热器外壳内径为190mm，管束由37根φ19×2mm的钢管组成，试求甲烷对管壁的对流传热系数。若冷却水侧的对流传热系数为2550 W/($m^2 \cdot$℃)，结合计算结果分析换热管壁面温度接近哪一侧流体的温度。

6-5 实验测定管壳式换热器的总传热系数时，水在换热器的列管内作湍流流动，管外为饱和水蒸气冷凝。列管由直径为φ25×2.5mm的钢管组成。当水的流速为1m/s，测得基于管外表面积的总传热系数K_2为2115W/($m^2 \cdot$℃)；若其他条件不变，而水的流速增加50%，测得K_2为2660W/($m^2 \cdot$℃)。试求蒸汽冷凝传热系数。污垢热阻可以忽略。

6-6 用循环水将流量为60 m^3/h的粗苯液体从80℃冷却到35℃，循环水的初始温度为30℃，试设计一台适宜的管壳式换热器。

参 考 文 献

[1] 杨世铭, 陶文栓. 传热学[M]. 第四版. 北京: 高等教育出版社, 2006.

[2] 戴锅生. 传热学[M]. 第二版. 北京: 高等教育出版社, 1998.

[3] 张学学, 李桂馥, 史琳. 热工基础[M]. 第二版. 北京: 高等教育出版社, 2006.

[4] 夏青, 陈常贵. 化工原理(上册, 修订版)[M]. 天津: 天津大学出版社, 2008.

[5] 郑宏飞. 热力学与传热学基础[M]. 北京: 科学出版社, 2016.

[6] 王厚华, 周根明, 周杰, 等. 传热学习题解答[M]. 重庆: 重庆大学出版社, 2009.

[7] 贾力, 方肇洪. 研究生教学用书: 高等传热学(第2版)[M]. 北京: 高等教育出版社, 2008.

[8] 许国良. 工程传热学[M]. 北京: 中国电力出版社, 2011.

[9] 战洪仁, 张先珍, 李雅侠, 等. 工程传热学基础[M]. 北京: 中国石化出版社, 2014.

[10] 贾冯睿. 工程传热学[M]. 北京: 中国石化出版社, 2017.

[11] 夏国栋, 王军. 传热学学习指导与习题精选[M]. 北京: 化学工业出版社, 2016.

[12] 孙德兴, 吴荣华, 张承虎. 高等传热学——导热与对流的数理解析[M]. 北京: 中国建筑工业出版社, 2014.

[13] 秦臻. 传热学理论及应用研究[M]. 北京: 中国水利水电出版社, 2016.

附　录

附表 1　常用热力学的 MLT 量纲

物理量	常用表示符号		量纲	SI 单位	SI 单位的英文全称
基本量					
质量	m		M	kg	kilogram
长度	L		L	m	meter
时间	t		T	s	second
温度	T		Θ	K	kelvin
物理量					
体积模量	K		$ML^{-1}T^{-2}$	Pa	pascal
弹性模量	E		$ML^{-1}T^{-2}$	Pa	pascal
动力黏度	μ		$ML^{-1}T^{-1}$	Pa · s	pascal second
运动黏度	ν		L^2T^{-1}	m²/s	meter squared per second
表面张力	σ		MT^{-2}	N/m	newton per meter
气体常数	R		$L^2T^{-2}K^{-1}$	J/(kg · K)	joule per kilogram kelvin
比定压热容	c_p		$L^2T^{-2}K^{-1}$	J/(kg · K)	joule per kilogram kelvin
比定容热容	c_v		$L^2T^{-2}K^{-1}$	J/(kg · K)	joule per kilogram kelvin
状态量					
压强	p		$ML^{-1}T^{-2}$	Pa	pascal
密度	ρ		ML^{-3}	kg/m³	kilogram per cubic meter
比体积	v		$M^{-1}L^3$	m³/kg	cubic meter per kilogram
比能	ε		$L^{-2}T^{-2}$	J/kg	joule per kilogram
比焓	h		$L^{-2}T^{-2}$	J/kg	joule per kilogram
运动量					
速度	u，v，ω，c		LT^{-1}	m/s	meter per second
加速度	a		LT^{-2}	m/s²	meter per second squared
角速度	ω		T^{-1}	rad/s	raid per second
频率	f		T^{-1}	Hz	hertz
体积流量	q_v		L^3T^{-1}	m³/s	cubic meter per second
质量流量	q_m		MT^{-1}	kg/s	kilogram per second
动力量					
力	F		MLT^{-2}	N	newton

物理量	常用表示符号		量纲	SI 单位	SI 单位的英文全称
力矩	M		ML^2T^{-2}	N·m	newton meter
冲量	I		MLT^{-1}	N·s	newton second
应力	σ, τ		$ML^{-1}T^{-2}$	Pa	pascal
功量					
功，能，热	W, E, Q		ML^2T^{-2}	J	joule
功率	P		ML^2T^{-3}	W	watt

附表 2　金属材料的密度、比热容和热导率

材料名称	密度 ρ/(kg/m³) (20℃)	比热容 c_p/[J/(kg·K)] (20℃)	热导率 λ/[W/(m·K)] (20℃)	导热系数 λ/[W/(m²·K)] 温度/℃ −100	0	100	200	300	400	600	800	1000	1200
纯铝	2710	902	236	243	236	240	238	234	228	215			
杜拉铝（96Al-4Cu，微量 Mg）	2790	881	169	124	160	188	188	193					
铝合金（92Al-8Mg）	2610	904	107	86	102	123	148						
铝合金（98Al-15Si）	2660	871	162	139	158	173	176	180	118				
铍	1850	1758	219	382	218	170	145	129	118				
纯铜	8930	386	398	421	401	393	389	384	379	366	352		
铝青铜（90Cu-10Al）	8360	420	56		49	57	66						
青铜（89Cu-11Sn）	8800	343	24.8		24	28.4	33.2						
黄铜（70Cu-30Zn）	8440	377	109	90	106	131	143	145	148				
铜合金（60Cu-40Ni）	8920	410	22.2	19	22.2	23.4							
黄金	19300	127	315	331	318	313	310	305	300	287			
纯铁	7870	455	81.1	39.7	83.5	72.1	63.5	56.5	50.3	39.4	29.6	39.4	31.6
阿姆口铁	7860	455	73.2	82.9	74.7	49.5	31.0	54.8	49.9	38.6	29.3	29.3	31.1
灰铸铁（$w_c \approx 3\%$）	7570	470	39.2		28.5	32.4	35.8	37.2	36.6	20.8	19.2		
碳钢（$w_c \approx 0.5\%$）	7840	465	49.8		50.5	47.5	44.8	42.0	39.4	34.0	29.0		
碳钢（$w_c \approx 1.0\%$）	7790	470	43.2		43.0	42.8	42.2	41.5	40.6	36.7	32.2		
碳钢（$w_c \approx 1.5\%$）	7750	470	36.7		36.8	36.6	36.2	35.7	34.7	31.7	27.8		
铬钢（$w_c \approx 5\%$）	7830	460	36.1		36.3	35.2	34.7	33.5	31.4	28.0	27.2	27.2	
铬钢（$w_c \approx 13\%$）	7740	460	26.8		26.5	27.0	27.0	27.0	27.6	28.4	29.0	29.0	27.2
铬钢（$w_c \approx 17\%$）	7710	460	22		22	22.2	22.6	22.6	23.3	24.0	24.8	25.5	
铬钢（$w_c \approx 26\%$）	7650	460	22.6		22.6	23.8	25.5	27.2	28.5	31.8	35.1	38	

材料名称	温度 $t/℃$	密度 $\rho/(kg/m^3)$	导热系数 $\lambda/[W/(m^2 \cdot K)]$
膨胀珍珠岩散科	25	60~300	0.021~0.062
沥青膨胀珍珠岩	31	233~282	0.069~0.076
磷酸盐膨胀珍珠岩制品	20	200~250	0.044~0.052
水玻璃膨胀珍珠岩制品	20	200~300	0.056~0.065
岩棉制品	20	80~150	0.035~0.038
膨胀蛭石	20	100~130	0.051~.0.07
沥青蛭石板管	20	350~400	0.081~0.10
石棉粉	22	744~1400	0.099~0.19
石棉砖	21	384	0.099
石棉绳		590~730	0.10~0.21
石棉绒		35~230	0.055~0.077
石棉板	30	770~1045	0.10~0.14
碳酸镁石棉灰		240~490	0.077~0.083
硅藻土石棉灰		280~380	0.085~0.11
粉煤灰砖	27	458~589	0.12~0.22
矿渣棉	30	207	0.058
玻璃丝	35	120~492	0.058~0.07
玻璃棉毡	28	18.4~38.3	0.043
软木板	20	105~437	0.044~0.079
木丝纤维板	25	245	0.048
稻草浆板	20	325~365	0.068~0.084
麻杆板	25	108~147	0.056~0.11
甘蔗板	20	282	0.067~0.072
葵芯板	20	95.5	0.05
玉米梗板	22	25.2	0.065
棉花	20	117	0.049
丝	20	57.7	0.036
锯木屑	20	179	0.083
硬泡沫塑料	30	29.5~56.3	0.041~0.048

材料名称	温度 $t/℃$	密度 $\rho/(kg/m^3)$	导热系数 $\lambda/[W/(m^2 \cdot K)]$
软泡沫塑料	30	41~162	0.043~0.056
铝箔间隔层(5层)	21		0.042
红砖(营造状态)	25	1860	0.87
红砖	35	1560	0.49
松木(垂直木纹)	15	496	0.15
松木(平行木纹)	21	527	0.35
水泥	30	1900	0.30
混凝土板	35	1930	0.79
耐酸混凝土板	30	2250	1.5~1.6
黄沙	30	1580~1700	0.28~0.34
泥土	20		0.83
瓷砖	37	2090	1.1
玻璃	45	2500	0.65~0.71
聚苯乙烯	30	24.7~37.8	0.04~0.043
花岗石		3643	1.73~3.98
大理石		2499~2707	2.70
云母		290	0.58
水垢	65		1.31~3.14
冰	0	913	2.22
黏土	27	1460	1.3

附表4 部分非金属材料的热导率与温度的关系

材料名称	材料最高允许温度 $t/℃$	密度 $\rho/(kg/m^3)$	热导率 $\lambda/[W/(m^2 \cdot K)]$
超细玻璃棉毡、管	400	18~20	$0.033+0.00023\{t\}_℃$ [①]
矿渣棉	550~600	350	$0.0674+0.000215\{t\}_℃$
水泥蛭石制品	800	400~450	$0.103+0.000198\{t\}_℃$
水泥珍珠岩制品	600	300~400	$0.0651+0.000105\{t\}_℃$
粉煤灰泡沫砖	300	500	$0.099+0.0002\{t\}_℃$
岩棉玻璃布缝板	600	100	$0.0314+0.000198\{t\}_℃$
A级硅藻土制品	900	500	$0.0395+0.00019\{t\}_℃$

材 料 名 称	材料最高允许温度 $t/℃$	密度 $\rho/(kg/m^3)$	热导率 $\lambda/[W/(m^2·K)]$
B级硅藻土制品	900	550	$0.0477+0.0002\{t\}_℃$
膨胀珍珠岩	1000	55	$0.0424+0.000137\{t\}_℃$
微孔硅酸钙制品	650	≥250	$0.041+0.0002\{t\}_℃$
耐火黏土砖	1350~1450	1800~2040	$(0.7~0.84)+0.00058\{t\}_℃$
轻质耐火黏土砖	1250~1300	800~1300	$(0.29~0.41)+0.00026\{t\}_℃$
超轻质耐火黏土砖	1150~1300	240~610	$0.093+0.00016\{t\}_℃$
超轻质耐火黏土砖	1100	270~330	$0.058+0.00017\{t\}_℃$
硅砖	1700	1900~1950	$0.93+0.0007\{t\}_℃$
镁砖	1600~1700	1300~2600	$2.1+0.00019\{t\}_℃$
铬砖	1600~1700	2600~2800	$4.7+0.00017\{t\}_℃$

① $\{t\}_℃$ 表示以℃为单位的材料的平均温度的数值。

附表5 大气压力下烟气的热物理性质
(烟气中组成成分的质量系数：$w_{CO_2}=0.13$；$w_{H_2O}=0.11$；$w_{N_2}=0.76$)

$t/℃$	$\rho/$ (kg/m^3)	$c_p/$ $[kJ/(kg·K)]$	$\lambda×10^2/$ $[W/(kg·K)]$	$a×10^4/$ (m^2/s)	$\eta×10^4/$ $[kg/(m·s)]$	$\nu×10^4/$ (m^2/s)	Pr
0	1.295	1.042	2.28	16.9	15.8	12.20	0.72
100	0.950	1.068	3.13	30.8	20.4	21.54	0.69
200	0.748	1.097	4.01	48.9	24.5	32.80	0.67
300	0.617	1.122	4.84	69.9	28.2	45.81	0.65
400	0.525	1.151	5.70	94.3	31.7	60.38	0.64
500	0.457	1.185	6.65	121.1	34.8	76.30	0.63
600	0.405	1.214	7.42	150.9	37.9	93.61	0.62
700	0.363	1.239	8.27	183.8	40.7	112.1	0.61
800	0.330	1.264	9.15	219.7	43.4	131.8	0.60
900	0.301	1.290	10.00	258.0	45.9	152.5	0.59
1000	0.275	1.306	10.90	303.4	48.4	174.3	0.58
1100	0.257	1.323	11.75	345.5	50.7	197.1	0.57
1200	0.240	1.340	12.62	392.4	53.0	221.0	0.56

附表 6　饱和水的热物理性质

$t/^\circ\mathrm{C}$	$p\times10^{-5}/\mathrm{Pa}$	$\rho'/(\mathrm{kg/m^3})$	$h'/(\mathrm{kJ/kg})$	$c_p/[\mathrm{kJ/(kg\cdot K)}]$	$\lambda\times10^2/[\mathrm{W/(m\cdot K)}]$	$a\times10^4/(\mathrm{m^2/s})$	$\mu\times10^6/\mathrm{Pa\cdot s}$	$v\times10^6/(\mathrm{m^2/s})$	$\alpha_v\times10^4/\mathrm{K^{-1}}$	$\gamma\times10^4/(\mathrm{N/m})$	Pr
0	0.00611	999.9	0	4.212	55.1	13.1	1788	1.789	-0.81	756.4	13.67
10	0.01227	999.7	42.04	4.191	57.4	13.7	1306	1.306	+0.87	741.6	9.52
20	0.02338	998.2	83.91	4.183	59.9	14.3	1004	1.006	2.09	726.9	7.02
30	0.04241	995.7	125.7	4.174	61.8	14.9	801.5	0.805	3.05	712.2	5.42
40	0.07375	992.2	167.5	4.174	63.5	15.3	653.3	0.659	3.86	696.5	4.31
50	0.12335	988.1	209.3	4.174	64.8	15.7	549.4	0.556	4.57	676.9	3.54
60	0.19920	983.1	251.1	4.179	65.9	16.0	469.9	0.478	5.22	662.2	2.99
70	0.3116	977.8	293.0	4.187	66.8	16.3	406.1	0.415	5.83	643.5	2.55
80	0.4736	971.8	355.0	4.195	67.4	16.6	355.1	0.365	6.40	625.9	2.21
90	0.7011	965.3	377.0	4.208	68.0	16.8	314.9	0.326	6.96	607.2	1.95
100	1.013	958.4	419.1	4.220	68.3	16.9	282.5	0.295	7.50	588.6	1.75
110	1.43	951.0	461.4	4.233	68.5	17.0	259.0	0.272	8.04	569.0	1.60
120	1.98	943.1	503.7	4.250	68.6	17.1	237.4	0.252	8.58	548.4	1.47
130	2.70	934.8	546.4	4.266	68.6	17.2	217.8	0.233	9.12	528.8	1.36
140	3.61	926.1	589.1	4.287	68.5	17.2	201.1	0.217	9.68	507.2	1.26
150	4.76	917.0	332.2	4.313	68.4	17.3	186.4	0.203	10.26	486.6	1.17
160	6.18	907.0	675.4	4.346	68.3	17.3	173.6	0.191	10.87	466.0	1.10
170	7.92	897.3	719.3	4.380	67.9	17.3	162.8	0.181	11.52	443.4	1.05
180	10.03	886.9	763.3	4.417	67.4	17.2	153.0	0.173	12.21	422.8	1.00
190	12.55	876.0	807.8	4.459	67.0	17.1	144.2	0.165	12.96	400.2	0.96
200	15.55	863.0	852.8	4.505	66.3	17.0	136.4	0.158	13.77	376.7	0.93
210	19.08	852.3	897.7	4.555	65.5	16.9	130.5	0.153	14.67	354.1	0.91
220	23.20	840.3	943.7	4.614	64.5	16.6	124.6	0.148	15.67	331.6	0.89

$t/^\circ\text{C}$	$p\times10^{-5}/\text{Pa}$	$\rho'/(\text{kg/m}^3)$	$h'/(\text{kJ/kg})$	$c_p/[\text{kJ}/(\text{kg}\cdot\text{K})]$	$\lambda\times10^2/[\text{W}/(\text{m}\cdot\text{K})]$	$a\times10^4/(\text{m}^2/\text{s})$	$\mu\times10^6/\text{Pa}\cdot\text{s}$	$v\times10^6/(\text{m}^2/\text{s})$	$\alpha_v\times10^4/\text{K}^{-1}$	$\gamma\times10^4/(\text{N/m})$	Pr
230	27.98	827.3	990.2	4.681	63.7	16.4	119.7	0.145	16.80	310.0	0.88
240	33.48	813.6	1037.5	4.756	62.8	16.2	114.8	0.141	18.08	285.5	0.87
250	39.78	799.0	1085.7	4.844	61.8	15.9	109.9	0.137	19.55	261.9	0.86
260	46.94	784.0	1135.7	4.949	60.5	15.6	105.9	0.135	21.27	237.4	0.87
270	55.05	767.9	1185.7	5.070	59.0	15.1	102.0	0.133	23.31	214.8	0.88
280	64.19	750.7	1236.8	5.230	57.4	14.6	98.1	0.131	25.79	191.3	0.90
290	74.45	732.3	1290.0	5.485	55.8	13.9	94.2	0.129	28.84	168.7	0.93
300	85.92	712.5	1344.9	5.736	54.0	13.2	91.2	0.128	32.73	144.2	0.97
310	98.70	691.1	1402.2	6.071	52.3	12.5	88.3	0.128	37.85	120.7	1.03
320	112.90	667.1	1462.1	6.574	50.6	11.5	85.3	0.128	44.91	98.10	1.11
330	128.65	640.2	1526.2	7.244	48.4	10.4	81.4	0.127	55.31	76.71	1.22
340	146.08	610.1	1594.8	8.165	45.7	9.17	77.5	0.127	72.10	56.70	1.39
350	165.37	574.4	1671.4	9.504	43.0	7.88	72.6	0.126	103.7	38.16	1.60
360	186.74	528.0	1761.5	13.984	39.5	5.36	66.7	0.126	182.9	20.21	2.35
370	210.53	450.5	1892.5	40.321	33.7	1.89	56.9	0.126	676.7	4.709	6.79

注: α_v 值选自 Steam Tables in SI Units, 2nd. , Ed. by Crigull et. Al. , Springer Verlag, 1984。

附录7 干饱和蒸汽的热物理性质

$t/℃$	$p×10^{-5}/$ Pa	$\rho''/$ (kg/m³)	$h''/$ (kJ/kg)	$r/$ (kJ/kg)	$c_p/$[kJ/ (kg·℃)]	$\lambda×10^2/$[W/ (m·℃)]	$a×10^3/$ (m²/h)	$\mu×10^6/$ [kg/(m·s)]	$v×10^6/$ (m²/s)	Pr
0	0.00611	0.004847	2501.6	2501.6	1.8543	1.83	7313.0	8.022	1655.01	0.815
10	0.01227	0.009396	2520.0	2477.7	1.8594	1.88	3881.3	8.424	896.54	0.831
20	0.02338	0.01729	2538.0	2454.3	18661	1.94	2167.2	8.84	509.90	0.847
30	0.04241	0.03037	2556.5	2430.9	1.8744	2.00	1265.1	9.218	303.53	0.863
40	0.07375	0.05116	2574.5	2407.0	1.8853	2.06	768.45	9.020	188.04	0.883
50	0.12335	0.08302	2592.0	2382.7	1.8987	2.12	483.59	10.022	120.72	0.896
60	0.19920	0.1302	2609.6	2358.4	1.9155	2.19	315.55	10.424	80.07	0.913
70	0.3116	0.1982	2626.8	2334.1	1.9364	2.25	210.57	10.817	54.57	0.930
80	0.4736	0.2933	2643.5	2309.0	1.9615	2.33	145.53	11.219	38.25	0.947
90	0.7011	0.4235	2660.3	2283.0	1.9921	2.40	102.22	11.621	27.44	0.966
100	1.0130	0.5977	2676.2	2257.1	2.0281	2.48	73.57	12.023	20.12	0.984
110	1.4327	0.8265	2691.3	2229.9	2.0704	2.56	53.83	12.425	15.03	1.00
120	1.9854	1.122	2705.9	2202.3	2.1198	2.65	40.15	12.798	11.41	1.02
130	2.7013	1.497	2719.7	2173.8	2.1763	2.76	30.46	13.170	8.80	1.04
140	3.614	1.967	2733.1	2144.1	2.2408	2.85	23.28	13.543	6.89	1.06
150	4.760	2.548	2745.3	2113.1	2.3145	2.97	18.10	13.896	5.45	1.08
160	6.181	3.260	2756.6	2081.3	2.3974	3.08	14.20	14.249	4.37	1.13
170	7.920	4.123	2767.1	2047.8	2.4911	3.21	11.25	14.612	3.54	1.15
180	10.027	5.160	2776.3	2013.0	2.5958	3.36	9.03	14.964	2.90	1.18
190	12.551	3.397	2784.2	1976.6	2.7126	3.51	7.29	15.298	2.39	1.21
200	15.549	7.864	2790.9	1938.5	2.8428	3.68	5.92	15.651	1.99	1.21
210	19.077	9.593	2796.4	1898.3	2.9877	3.87	4.86	15.995	1.67	1.24
220	23.198	11.62	2799.7	1856.4	3.1497	4.07	4.00	16.338	1.41	1.26
230	27.976	14.00	2801.8	1811.6	3.3310	4.30	3.32	16.701	1.19	1.29
240	33.478	16.76	2802.2	1764.7	3.5366	4.54	2.76	17.073	1.02	1.33
250	39.776	19.99	2800.6	1714.4	3.7723	4.84	2.31	17.446	0.873	1.36
260	46.943	23.73	2796.4	1661.3	4.0470	5.18	1.94	17.848	0.752	1.40
270	55.058	28.10	2789.7	1604.8	4.3735	5.55	1.63	18.280	0.651	1.44
280	64.202	33.19	2780.5	1543.7	4.7675	6.00	1.37	18.750	0.565	1.49
290	74.461	39.16	2767.5	1477.5	5.2528	6.55	1.15	19.270	0.492	1.54
300	85.927	46.19	2751.1	1405.9	5.8632	7.22	0.96	19.839	0.430	1.61
310	98.700	54.54	2730.2	1327.6	6.6503	8.06	0.80	20.691	0.380	1.71
320	112.89	64.60	2703.8	1241.0	7.7217	8.65	0.62	21.691	0.336	1.94
330	128.63	76.99	2670.3	1143.8	9.3613	9.61	0.48	23.093	0.300	2.24
340	146.05	92.76	2626.0	1030.8	12.2108	10.70	0.34	24.692	0.266	2.82
350	165.35	113.6	2567.8	895.6	17.1504	11.90	0.22	26.594	0.234	3.83
360	186.75	144.1	2485.3	721.4	25.1162	13.70	0.14	29.193	0.203	5.34
370	210.54	201.1	2342.9	452.6	76.9157	16.60	0.04	33.989	0.169	15.7
374.15	221.20	315.5	2107.2	0.0	∞	23.79	0.0	44.992	0.143	∞

液体	$t/℃$	$\rho/$ (kg/m^3)	$c_p/$ [$kJ/(kg \cdot ℃)$]	$\lambda/$ [$W/(m \cdot ℃)$]	$a \times 10^4/$ (m^2/s)	$v \times 10^6/$ (m^2/s)	$\beta \times 10^6/$ K^{-1}	Pr
氨 NH_3	−50	703.69	4.463	0.547	17.42	0.435	1.69	2.60
	−40	691.68	4.467	0.547	17.75	0.406	1.78	2.28
	−30	679.34	4.476	0.549	18.01	0.387	1.88	2.15
	−20	666.69	4.509	0.547	18.19	0.381	1.96	2.09
	−10	653.55	4.564	0.543	18.25	0.378	2.04	2.07
	0	640.10	4.635	0.540	18.19	0.373	2.16	2.05
	10	626.16	4.714	0.531	18.01	0.368	2.28	2.04
	20	611.75	4.798	0.521	17.75	0.359	2.42	2.02
	30	596.37	4.890	0.507	17.42	0.349	2.57	2.01
	40	580.99	4.999	0.493	17.01	0.340	2.76	2.00
	50	564.33	5.116	0.476	16.54	0.330	3.07	1.99
氟利昂 12 (CCl_2F_2)	−50	1546.75	0.8750	0.067	5.01	0.310		6.2
	−40	1518.71	1.8847	03069	5.14	0.279	1.83	5.4
	−30	1489.56	0.8956	0.069	5.26	0.253	1.93	4.8
	−20	1460.57	0.9073	0.071	5.39	0.235	2.05	4.4
	−10	1429.49	0.9203	0.073	5.50	0.221	2.19	4.0
	0	1397.45	0.9345	0.073	5.57	0.214	2.35	3.8
	10	1364.30	0.9496	0.073	5.60	0.203	2.53	3.6
	20	1330.18	0.9659	0.073	5.60	0.198	2.71	3.5
	30	1295.10	0.9835	0.071	5.60	0.194	2.91	3.5
	40	1257.13	1.0019	0.069	5.55	0.191	3.19	3.5
	50	1215.96	1.0126	0.067	5.45	0.190		3.5
11 号 润滑油[①]	0	905.0	1.834	0.1449	8.73	1336		15310
	10	898.8	1.872	0.1441	8.56	564.2		6591
	20	892.7	1.909	1.1432	8.40	280.2		3335
	30	886.6	1.947	0.1432	8.24	153.2		1859
	40	880.6	1.985	0.1414	8.09	90.7		1121
	50	874.6	2.022	0.1405	7.94	57.4	0.69	723
	60	868.8	2.064	0.1396	7.78	38.4		493
	70	863.1	2.106	0.1387	7.63	27.0		354
	80	857.4	2.148	0.1379	7.49	19.7		263
	90	851.8	2.190	0.1370	7.34	14.9		203
	100	846.2	2.236	0.1361	7.19	11.5		160
14 号 润滑油[①]	0	905.2	1.866	0.1493	8.84	2237		25310
	10	899.0	1.901	0.1485	8.65	863.2	0.69	9979
	20	892.8	1.915	0.1477	8.48	410.9		4846

液体	$t/℃$	$\rho/$ (kg/m^3)	$c_p/$ $[kJ/(kg \cdot ℃)]$	$\lambda/$ $[W/(m \cdot ℃)]$	$a \times 10^4/$ (m^2/s)	$v \times 10^6/$ (m^2/s)	$\beta \times 10^6/$ K^{-1}	Pr
14 号润滑油[①]	30	886.7	1.993	0.1470	8.32	215.5	0.69	2603
	40	880.7	2.035	0.1462	8.16	124.2		1522
	50	874.8	2.077	0.1454	8.00	76.5		956
	60	869.0	2.114	0.1446	7.87	50.5		462
	70	863.2	2.156	0.1439	7.73	34.3		444
	80	857.5	2.194	0.1431	7.61	24.6		323
	90	851.9	2.227	0.1424	7.51	18.3		244
	100	846.4	2.265	0.1416	7.39	14.0		190
柴油	20	908.4	1.838	0.128	3.41	620		8000
	40	895.5	1.909	0.126	3.94	135		1840
	60	882.4	1.980	0.124	4.45	45		630
	80	870	2.052	0.123	4.92	20		200
	100	857	2.123	0.122	5.42	108		162
变压器油	20	866	1.892	0.124	2.73	36.5		481
	40	852	1.993	0.123	2.61	16.7		230
	60	842	2.093	0.122	2.49	8.7		126
	80	830	2.198	0.120	2.36	5.2		79.4
	100	818	2.294	0.119	2.28	3.8		60.3

① 取自同济大学对上海炼油厂产品的测定数据。

附表 9 过热水蒸气的热物理性质

$t/℃$	$\rho/$ (kg/m^3)	$c_p/$ $[kJ/(kg \cdot K)]$	$\lambda \times 10^2/$ $[W/(m \cdot K)]$	$a \times 10^3/$ (m^2/s)	$\eta \times 10^5/$ $[kg/(m \cdot s)]$	$v \times 10^5/$ (m^2/s)	Pr
380	0.5863	2.060	2.46	2.036	1.271	2.16	1.060
400	0.5542	2.014	2.61	2.338	1.344	2.42	1.040
450	0.4902	1.980	2.99	3.07	1.525	3.11	1.010
500	0.4405	1.985	3.39	2.87	1.704	2.86	0.996
550	0.4005	1.997	3.79	4.75	1.884	4.70	0.991
600	0.3852	2.026	4.22	5.73	2.067	5.66	0.986
650	0.3380	2.056	4.64	6.66	2.247	6.64	0.995
700	0.3140	2.085	5.05	7.72	2.426	7.72	1.000
750	0.2931	2.119	5.49	8.33	2.604	8.88	1.005
800	0.2730	2.152	5.92	10.01	2.786	10.20	1.010
850	0.2579	2.186	6.37	11.30	2.969	11.52	1.019

附表 10 水的污垢热阻 $\qquad\qquad 10^{-5} m^2 \cdot K/W$

加热介质温度	≤115℃		116~205℃	
水的温度	≤52℃		>52℃	
水的种类	水速，m/s		水速，m/s	
	≤1	>1	≤1	>1

加热介质温度		≤115℃		116~205℃	
海水		8.8	8.8	17.6	17.6
微咸水		35.2	17.6	52.8	35.2
冷却塔和人工喷淋池	处理过的补给水	17.6	17.6	35.2	35.2
	未处理的补给水	52.8	52.8	88.0	70.4
自来水、地下水、湖水		17.6	17.6	35.2	35.2
河水	最小值	35.2	17.6	52.8	35.2
	平均值	52.8	35.2	70.4	52.8
泥水		52.8	35.2	70.4	52.8
硬水(>257mg/L)		52.8	52.8	88.0	88.0
发动机夹套水		17.6	17.6	17.6	17.6
蒸馏水		8.8	8.8	8.8	8.8
处理过的的锅炉给水		17.6	8.8	17.6	17.6
锅炉排污水		35.2	35.2	35.2	35.2

注：加热介质温度超过205℃，却冷介质会结垢时，表中数值应作相应修改。

附表 11　工业流体的污垢热阻　　　$10^{-5}m^2 \cdot K/W$

油类		气体和蒸气		液体	
燃料油	88.0	工业废气(高炉燃烧气)	176.1	制冷剂液体	17.6
淬火油	70.4	发动机排气	176.1	液压流体	17.6
变压器油	17.6	水蒸气(不带油)	8.8	工业用有机载热体液体	17.6
发动机润滑油	17.6	废水蒸气(带油)	17.6	传热用熔融盐	8.8
		制冷剂蒸气(带油)	35.2		
		工业用有机载热体蒸气	17.6		
		压缩空气	35.2		
		干燥气体(如 H_2、N_2)	8.8		
		潮湿空气	26.4		
		常压空气	8.8~17.6		

附表 12　化工过程流体的污垢热阻　　　$10^{-5}m^2 \cdot K/W$

气体和蒸气		液体	
酸性气体	17.6	一乙醇胺和二乙醇胺溶液	35.2
溶剂蒸气	17.6	二甘醇和三甘醇溶液	35.2
温蒂塔顶馏出物蒸气	17.6	稳定塔侧线塔底物料	17.6
乙烯	35.2	苛性碱溶液	35.2
HCl 气	52.8	植物油	52.8
含饱和水蒸气的氢	35.2	盐酸	0
氯化碳氢化合物蒸气	17.6	乙醇	17.6

气体和蒸气		液体	
乙醇蒸气	0	轻有机化合物	17.6
带触媒的气体	52.8	氯化碳氢化合物	17.6~35.2
可聚合蒸气(含有缓蚀剂)	52.8	般稀无机物溶液	88.0

附表 13　天然气-汽油加工流体的污垢热阻　　　　　$10^{-5}\,m^2 \cdot K/W$

气体和蒸气		液体	
天然气	17.6	贫油	35.2
塔顶蒸气	17.6	富油	17.6
		天然汽油和液化石油气	17.6

附表 14　石油炼制过程液体的污垢热阻　　　　　$10^{-5}\,m^2 \cdot K/W$

常、减压装置中的气体和蒸气		常、减压装置中的液体	
常压精馏塔塔顶蒸气	17.6	汽油	17.6
轻质石脑油蒸气	17.6	石脑油和轻馏分	17.6
减压精馏塔塔顶蒸气	35.2	重质柴油	52.8
		重质燃料油	88.0
		煤油	17.6
		轻质柴油	35.2
		沥青和残渣油	176.1

附表 15　原油参数　　　　　$10^{-5}\,m^2 \cdot K/W$

介质	温度/℃	流速/(m/s)		
		<0.6	0.6~1.2	>1.2
脱水原油	0~92	52.8	35.2	35.2
含盐原油		52.8	35.2	35.2
脱水原油	93~148	52.8	35.2	35.2
含盐原油		88.0	70.4	70.4
脱水原油	149~259	70.4	52.8	35.2
含盐原油		105.7	88.0	70.4
脱水原油	>260	88.0	70.4	52.8
含盐原油		123.3	105.7	88.0

附表 16　其他参数　　　　　$10^{-5}\,m^2 \cdot K/W$

裂化和焦化装置中的流体		催化重整和加氢脱硫装置中的流体		轻馏分加工物料		润滑油加工物料	
塔顶蒸气	35.2	重整炉进料	35.2	塔顶蒸气及气体	17.6	进料	35.2
轻质循环油	35.2	重整炉出料	17.6	液态产品	17.6	混合溶剂进料	35.2
重质循环油	52.8	加氢脱硫进料和出料	35.2	吸收油	35.2	溶剂	17.6

裂化和焦化装置中的流体		催化重整和加氢脱硫装置中的流体		轻馏分加工物料		润滑油加工物料	
轻质焦化瓦斯油	52.8	塔顶蒸气	17.6	微酸烷基化物料	35.2	提取物	52.8
重质焦化瓦斯油	70.4	50℃以上 API 的液态产品	17.6	再沸器物料	52.8	提余液	17.6
塔底油浆(最小流速 1.4m/s)	52.8	30~50℃ API 的液态产品	35.2			沥青	88.0
轻质液态产品	35.2					蜡膏	52.8
						精制润滑油	17.6

附表 17 固定管板式换热器常见规格

公称直径 DN/mm	管程数	公称压力 PN/MPa	换热管长度 L/mm						
			1500	2000	3000	4500	6000	9000	12000
159	1	1.60				—	—	—	—
219		2.50				—		—	—
273	1, 2	4.00							—
325		6.40							—
400	1								—
450	2								—
500	4	0.60	—						—
600		1.00	—						—
700		1.60	—	—					—
800		2.50	—	—					—
900		4.00	—	—					—
1000			—	—					—
1100	1		—			—			—
1200			—		—				—
1300	2	0.23							—
1400		0.60	—		—	—		—	—
1500	4	1.00	—						—
1600		1.60	—	—	—	—			—
1700	8	2.50	—						—
1800			—	—					—
1900			—	—					—
2000			—	—	—				—
2100			—	—	—	—			—
2200		0.6	—	—	—	—			—
2300			—	—	—	—			—
2400			—	—	—	—			—

附表 18　U 形管式换热器常见规格

DN/mm	N	换热管长度 L/mm																			
		3000									6000										
		管程公称压力 PN_t/MPa																			
		2.5		4.0			6.4				1.0	1.6	2.5		4.0			6.4			
		壳程公称压力 PN_s/MPa																			
		2.5	1.6	4.0	2.5	1.6	6.4	4.0	2.5	1.6	1.0	1.6	2.5	1.6	4.0	2.5	1.6	6.4	4.0	2.5	1.6
325	2	—	—								—	—	—	—							
	4	—	—								—	—	—	—							
426	2	—	—								—	—	—	—							
400	4	—	—								—	—	—	—							
500	2										—	—									
	4										—	—									
600	2						—	—	—	—											
	4						—	—	—	—											
700	2	—	—	—	—	—	—	—	—	—											
	4	—	—	—	—	—	—	—	—	—											
800	2	—	—	—	—	—	—	—	—	—											
	4	—	—	—	—	—	—	—	—	—											
900	2	—	—	—	—	—	—	—	—	—								—	—	—	—
	4	—	—	—	—	—	—	—	—	—								—	—	—	—
1000	2	—	—	—	—	—	—	—	—	—								—	—	—	—
	4	—	—	—	—	—	—	—	—	—								—	—	—	—
1100	2	—	—	—	—	—	—	—	—	—								—	—	—	—
	4	—	—	—	—	—	—	—	—	—								—	—	—	—
1200	2	—	—	—	—	—	—	—	—	—								—	—	—	—
	4	—	—	—	—	—	—	—	—	—								—	—	—	—

附表 19　浮头式换热器常见规格(以内导流式为例)

DN/mm	N	L/mm														
		3000				4500				6000					9000		
		PN/MPa															
		1.0	1.6	2.5	4.0	1.0	1.6	2.5	4.0	1.0	1.6	2.5	4.0	6.4	1.0	1.6	2.5
(325)	2	—	—			—	—			—	—	—	—	—	—	—	—
	4	—	—			—	—			—	—	—	—	—	—	—	—
(426)	2														—	—	—
400	4														—	—	—
500	2														—	—	—
	4														—	—	—

DN/mm	N	L/mm															
		3000				4500				6000					9000		
		PN/MPa															
		1.0	1.6	2.5	4.0	1.0	1.6	2.5	4.0	1.0	1.6	2.5	4.0	6.4	1.0	1.6	2.5
600	2														—	—	—
	4														—	—	—
	6														—	—	—
700	2														—	—	—
	4														—	—	—
	6														—	—	—
800	2	—	—	—	—										—	—	—
	4	—	—	—	—										—	—	—
	6	—	—	—	—										—	—	—
900	2	—	—	—	—									—	—	—	—
	4	—	—	—	—										—	—	—
	6	—	—	—	—										—	—	—
1000	2	—	—	—	—										—	—	—
	4	—	—	—	—										—	—	—
	6	—	—	—	—										—	—	—
1100	2	—	—	—	—										—	—	—
	4	—	—	—	—										—	—	—
	6	—	—	—	—										—	—	—
1200	2	—	—	—	—									—			
	4	—	—	—	—									—			
	6	—	—	—	—									—			
1300	4					—	—	—	—								
	6	—	—	—	—	—	—	—	—					—	—	—	
1400	4	—	—	—	—	—	—	—	—					—			
	6	—	—	—	—	—	—	—	—					—			
1500	4	—	—	—	—	—	—	—	—						—	—	—
	6	—	—	—	—	—	—	—	—				—	—	—	—	—
1600	4	—	—	—	—	—	—	—	—				—	—			
	6	—	—	—	—	—	—	—	—				—	—			
1700	4	—	—	—	—	—	—	—	—					—	—	—	—
	6	—	—	—	—	—	—	—	—					—	—	—	—
1800	4	—	—	—	—	—	—	—	—				—	—			
	6	—	—	—	—	—	—	—	—				—	—			

DN/mm	N	L/mm															
		3000				4500				6000					9000		
		PN/MPa															
		1.0	1.6	2.5	4.0	1.0	1.6	2.5	4.0	1.0	1.6	2.5	4.0	6.4	1.0	1.6	2.5
1900	4	—	—	—	—	—	—	—	—				—	—	—	—	—
	6	—	—	—	—	—	—	—	—				—	—	—	—	—

注：括号内采用钢管作为筒体的公称直径，此公称直径为钢管外径。N 为管程数。

附表 20　常用材料的表面发射率

材料名称及表面状况		温度 t/℃	发射率 ε
铝	抛光，纯度98%	200~600	0.04~0.06
	工业用板	100	0.09
	粗制板	40	0.07
	严重氧化	100~50	0.20~0.33
	铝箔，光亮	100~300	0.06~0.07
黄铜	高度抛光	250	0.03
	抛光	40	0.07
	无光泽板	40~250	0.22
	氧化	40~250	0.46~0.56
铬	抛光薄板	40~550	0.08~0.27
紫铜	高抛光的电解铜	100	0.02
	抛光	40	0.04
	轻度抛光	40	0.12
	无光泽	40	0.15
	氧化发黑	40	0.76
金	高抛光，纯金	100~600	0.02~0.035
钢铁	低碳钢，抛光	150~500	0.14~0.32
	钢，抛光	40~250	0.07~0.10
	钢板，轧制	40	0.66
	钢板，粗糙，严重氧化	40	0.80
	铸铁，有处理表皮层	40	0.70~0.80
	铸铁，新加工面	40	0.44
	铸铁，氧化	40~250	0.57~0.66
	铸铁，抛光	200	0.21
	锻铁，光洁	40	0.35
	锻铁，暗色氧化	20~360	0.94
	不锈钢，抛光	40	0.07~0.17
	不锈钢，重复加热冷却后	230~930	0.50~0.70

材料名称及表面状况		温度 t/℃	发射率 ε
石棉	石棉板	40	0.96
	石棉水泥	40	0.96
	石棉瓦	40	0.97
砖	粗糙红砖	40	0.93
	耐火黏土砖	1000	0.75
灯炱		40	0.95
粘土	烧结	100	0.91
混凝土	粗糙表面	40	0.94
玻璃	平板玻璃	40	0.94
	石英玻璃(厚2mm)	250~550	0.96~0.66
	硼硅酸玻璃	250~550	0.94~0.75
石膏		40	0.80~0.90
雪		-12~-3	0.82
冰	光滑面	0	0.97
水	厚0.1mm以上	40	0.96
云母		40	0.75
油漆	各种油漆	40	0.92~0.96
	白色油漆	40	0.80~0.95
	光亮油漆	40	0.9
纸	白纸	40	0.95
	粗糙屋面焦油纸毡	40	0.90
瓷	上釉	40	0.93
橡胶		40	0.94
人的皮肤		32	0.98
锅炉炉渣		0~1000	0.97~0.70
抹灰的墙		20	0.94
各种木材		40	0.80~0.92